汤水之爱

萨巴蒂娜◎主编

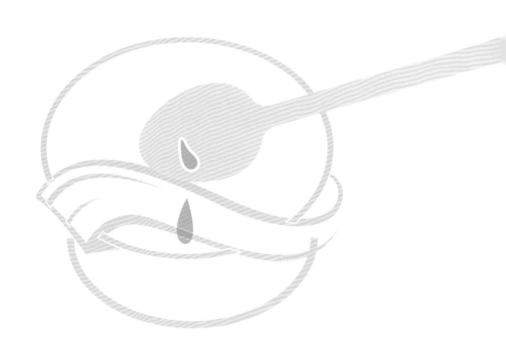

中国轻工业出版社

卷首语

汤水的温柔

汤、粥、汤菜，我生活中离不开的几样美味。

早上，通常由粥开始，白米粥、绿豆粥、玉米粥、小米粥、花生粥、皮蛋瘦肉粥、菠菜鸡蛋粥、鸡丝粥、鱼片粥……不一而足，再配几样小菜，早餐吃得美哉快哉。

中午吃的是"硬通货"，不要紧，这只是过渡，要想肠胃舒服，晚上可以做个大份汤菜。我买了一款电子汤煲，容量大，能放下一整只鸡；能定时，可以提前设定好；不沸锅，所以完全不用照看。设定好功能键，只等汤菜慢慢做好。我常做的有海带排骨汤、山药玉米乌鸡汤、鸽子汤、猪肚汤、小鸡炖蘑菇、茄子土豆豆角大乱炖，偶尔还会煲个银耳枸杞汤、桃胶红枣汤。先喝汤，再吃菜，泡点米饭，优哉游哉。

快汤我也喜欢，用大的炒菜锅做即可。鱼头豆腐汤、榨菜肉丝汤、番茄鸡蛋汤、紫菜蛋花汤、韩国部队汤、日本味噌汤、蘑菇奶油汤，不到半小时做好，吃完饭，盛上一碗溜溜缝，或者饭前喝一碗，先占肚皮少吃饭。两种吃法都可以，随你喜欢。

我并不主张一天到晚都喝汤，可是身为国人，你怎么能离开汤汤水水对你的爱呢？

本书精选了大家最喜欢的一些汤汤水水的做法，希望可以滋润你的生活。

高欣茹

萨巴小传：本名高欣茹。萨巴蒂娜是当时出道写美食书时用的笔名，曾主编过五十多本畅销美食图书，出版过小说《厨子的故事》，美食散文集《美味关系》。现任"萨巴厨房"主编。

萨巴蒂娜
个人公众订阅号

敬请关注萨巴新浪微博 www.weibo.com/sabadina

目 录
CONTENTS

计量单位对照表

1 茶匙固体材料 =5 克　　　1 茶匙液体材料 =5 毫升

1 汤匙固体材料 =15 克　　　1 汤匙液体材料 =15 毫升

CHAPTER 1

一碗热汤的关怀

榨菜肉丝鸡蛋汤
034

酥肉白菜汤
036

莲藕瘦肉汤
038

西蓝花肉末汤
040

排骨玉米汤
042

猪蹄黄豆汤
044

黄豆芽海带汤
046

白萝卜羊肉汤
048

山药羊肉汤
050

番茄牛肉汤
052

榨菜魔芋汤
054

圆白菜豆腐汤
056

茼蒿鸡蛋汤
058

翡翠香菇汤
059

番茄蟹味菇汤
060

CHAPTER 2

一钵好粥的慰藉

丝瓜虾仁粥
062

鲜虾瘦肉粥
064

芹菜肉末粥
066

香菇瘦肉粥
068

香芋排骨粥
070

紫菜肉松粥
072

培根娃娃菜粥
074

猪肝胡萝卜粥
076

鸡蓉玉米粥
078

姜丝羊肉粥
080

牛肉蛋花粥

咸蛋黄山药粥

田园蔬菜粥

菠菜枸杞子粥

黑芝麻核桃粥

核桃花生粥

红枣花生桂圆粥

紫米红枣板栗粥

紫米黑豆粥

南瓜糙米粥

牛奶燕麦甜粥

小米阿胶红糖粥

绿豆海带小米粥

玫瑰花粥

绿豆菊花粥

CHAPTER 3

糖水的甜美

绿豆百合汤

南瓜百合汤

银耳红枣百合汤

桂花莲子银耳汤

银耳雪梨汤

冰糖枇杷雪梨汤

苹果胡萝卜汤

酸梅汤

枸杞菊花茶

山楂红枣莲子汤

黑糖红枣玫瑰茶
122

荸荠红枣红豆汤
123

红豆花生红枣汤
124

红豆桂圆薏米汤
125

蜜豆牛奶板栗汤
126

红薯山药汤
127

紫薯桂圆汤
128

芒果椰香西米露
129

紫薯牛奶西米露
130

椰汁花生杏仁露
132

椰香木瓜汤
134

百香果薄荷茶
135

蜂蜜柠檬薄荷茶
136

水蜜桃柠檬茶
137

冰糖凤梨汤
138

CHAPTER 4

汤菜的诱惑

菠菜牡蛎汤
140

开胃番茄鱼片
142

辣白菜鲜虾豆腐汤
144

鲫鱼豆腐汤
146

豆腐海带炖排骨
148

干豆角炖排骨
150

豆豉排骨香芋煲
152

五花肉酸菜炖粉条
154

茼蒿豆泡肉丸汤
156

肉丸冬瓜汤
158

莲藕猪蹄汤
160

酥肉土豆煲
162

酸辣千张火腿羹
164

腐竹炖腊肉
166

海带山药炖羊肉
168

酸汤土豆肥牛
170

香菇鸡肉煲
172

鸡汤娃娃菜
174

咖喱彩蔬汤
176

菌菇蔬菜汤
178

番茄素汤
180

韩式辣酱素汤
182

咸蛋黄豆腐煲
184

板栗粉丝白菜煲
186

酱汁时蔬
188

初步了解全书

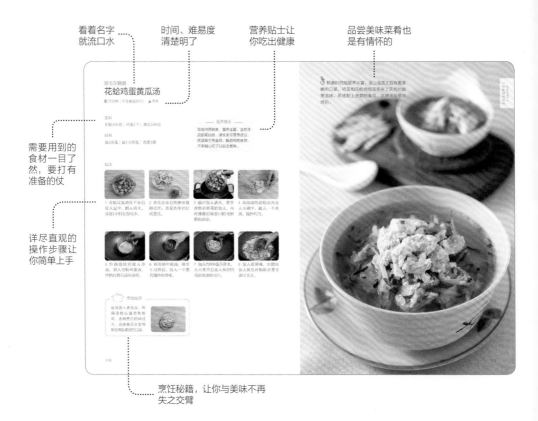

看着名字
就流口水

时间、难易度
清楚明了

营养贴士让
你吃出健康

品尝美味菜肴也
是有情怀的

需要用到的
食材一目了
然，要打有
准备的仗

详尽直观的
操作步骤让
你简单上手

烹饪秘籍，让你与美味不再
失之交臂

为了确保菜谱的可操作性，
本书的每一道菜都经过我们试做、试吃，并且是现场烹饪后直接拍摄的。
本书每道食谱都有步骤图、烹饪秘籍、烹饪难度和烹饪时间的指引，确保你照着图书一步步
操作便可以做出好吃的菜肴。但是具体用量和火候的把握也需要你经验的累积。

书中部分菜品图片含有装饰物，不作为必要食材元素出现在菜谱文字中，读者可根据自己的
喜好增减。

为你揭开汤汤水水的秘密

汤水好喝，离不开一口好锅

美味的汤品离不开一口好锅，锅是煲汤的基础，根据不同的食材选择合适的锅具，才能帮助我们煲出美味的汤品。

瓦罐

瓦罐由陶土制造而成，质感比较粗糙，透气性和依附性都比较好，能够均匀持久地传热，可以炖、煲、焖。瓦罐表面的小孔能够吸附和释放出食物的味道，炖出来的汤会更加浓厚醇香。

砂锅

砂锅也是由陶土制造而成，砂锅的气孔要比瓦罐小一些，具有均衡的传热能力和比较强的锁温能力，可以使食物均匀受热。同时，砂锅能够在一定程度上降低水分蒸发速度和食物的营养流失速度，用砂锅来煨粥，能够让食物更快酥烂，滋味更好。

陶瓷锅

陶瓷锅更加美观，其内壁和外侧通常比较光滑，不易附着污渍、不残留异味，且比较方便清洗。陶瓷锅通常拥有比较好的耐温差性能，骤冷骤热也不易破裂。陶瓷锅的材质拥有较高的聚热性和保温性，能够相对缩短煲煮时间。

不锈钢锅	玻璃锅	高压锅	养生壶
不锈钢锅外观漂亮、精致大方，能够很好地融合在现代厨房中，而且具有耐腐蚀、不变形、易清洗等优点，很受现代家庭的欢迎。不锈钢锅煮出的汤较为清淡，适合做蔬菜汤、快煮汤、西式浓汤。	玻璃锅通常采用高硼硅等耐热的玻璃原料制作而成，透明的设计能够清楚地看到食材的烹饪过程。玻璃锅的质地更加细密，更耐高温，也不怕热胀冷缩，不易炸裂，使用寿命比较长。	高压锅具有比较好的密封性，能够避免食物接触过多氧气，对于保护食物中的抗氧化成分比较有利。高压锅在烹饪比较硬的食材时，能够缩短烹饪时间，加快食物熟透。对于上班族而言，高压锅是实现快速烹饪、节约时间的比较好的选择之一。	养生壶类似于电热水壶，是近年来流行的可以烹饮的容器，具有耐高温、耐急冷急热、耐酸耐碱、质量稳定的特性。养生壶的功能比较多，操作简单，只需将配料和水倒入壶中，选择相应的功能，就可以自动将养生汤熬好，特别方便。

熬汤有讲究

蔬菜汤含有丰富的维生素和膳食纤维，能有效地调节新陈代谢，增强免疫力，为人体带来滋养。同时，蔬菜汤能够带来饱腹感，帮助减肥人群控制进餐量，是减肥人群的比较好的饮食选择之一。

▌蔬菜汤

蔬菜汤味道清淡、营养丰富，而且制作过程比较快捷，特别适合上班族。制作蔬菜汤时有以下几个注意事项：

一是食材放入的顺序有先后，要先放入比较耐煮的食材，如冬瓜、白菜等。

二是有的蔬菜需要焯水，如菠菜要先焯水，去掉草酸，吃起来才更加健康一些。

三是绿叶蔬菜最后放，如茼蒿最后放，减少炖煮时间，更容易保持口感和营养。

肉汤

肉汤对身体有很好的滋补功效，能够补充足够的能量。

食材选择要用心

熬制肉汤，要选择异味小、鲜味足、血污少的新鲜食材，对食材进行合理的搭配，尽量不要选择多种肉类同炖，或者多种味道较重的食材同炖。

冷水沸水有区别

熬制肉汤时，最好不要直接将冷肉放入沸水中，否则会导致肉类表面蛋白质凝固而难以溶解在汤中，从而影响汤的口感味道和营养价值。将肉与冷水同时放入锅中，大火煮沸后改为小火熬制，能够让肉中的营养物质更好地溶解到汤中，汤色更加清澈，味道更加香浓。

肉与冷水同时下锅

冷肉入沸水

清汤浓汤自由选择

浓汤中的脂肪颗粒是汤色呈现奶白的原因，想要煮出浓汤并不难，一是加入脂肪量高一些的食材，如加入大棒骨，会帮助熬出汤色乳白的浓汤；二是调整火候，大火滚煮，让汤中的脂肪充分分解成更多的小脂肪酸颗粒，也可以帮助煮出浓汤。

煲汤时间要控制

很多人认为"煲汤时间越长，汤就越有营养"，其实并不然，煲汤的时间并不是越久越好。一般来说，肉类汤在半小时到1小时即可，老鸭汤、骨头汤、猪蹄汤等的时间可以适当延长一些，但最好不要超过3小时。

甜汤的小秘密

▌挑选和熬煮银耳

挑选银耳

一是看外观。优质的银耳颜色白里透黄或者呈现淡淡的金黄色，花朵整齐，肉质较为肥厚，根部没有黑点或者杂质。

二是闻气味。优质的银耳带有天然的清香味道，如果有刺鼻味道或者有点酸味的银耳，则质量较差。

三是看手感。优质的银耳有一定的柔韧度，不易断裂。

四是尝味道。优质的银耳本身没有什么味道，如果尝起来有异味或者淡淡的辣味，则为劣质银耳。

熬煮银耳

熬煮银耳要提前泡发并掰碎，可以帮助银耳熬煮时快速出胶，这样熬煮出来的银耳羹会比较浓稠，爽滑美味。同时，银耳羹煮好之后，可以在锅中继续闷5分钟左右，利用余温使银耳中的胶质更多地融入汤中，口感会更加浓稠。

弹牙滑糯的西米有着好看的外表和令人喜欢的口感，但是西米不太容易煮熟，掌握好煮西米的步骤才能让西米更好吃哦。

▌熬煮西米

1 将西米在凉水中快速冲洗一下，去除表面杂质。

2 锅中放入清水，水量大概为西米量的五倍左右，大火煮开。

3 将西米倒入锅中，其间用饭勺不时搅动，防止煳锅。

4 看到西米四周变透明，中间有点白心时即可关火。

5 盖上盖子闷10分钟左右，待西米全部变透明。

6 将煮好的西米过凉开水，凉凉即可。

▌挑选和熬煮红豆

挑选红豆

挑选红豆的时候，一要看外观，优质的红豆颜色为深红色，颗粒饱满紧实，表面光滑，无明显的破损和虫眼；二要闻气味，优质的红豆有淡淡的清香味道，如果有异味或者霉味，则一定不要购买。

熬煮红豆

红豆比较不容易煮烂，如果想要红豆较快煮烂，一是可以选择高压锅炖煮，二是可以提前浸泡数小时再熬煮。

▍加入冰糖的时间

冰糖能够养阴生津，有润肺止咳的功效。冰糖的甜味清爽不腻，特别适合在甜品中加入。冰糖块通常比较大一些，所以冰糖可以在水开之后加入，并时不时搅拌，帮助其溶化。

▍加入蜂蜜的时间

蜂蜜营养丰富，有美容养颜、润肠通便的功效。蜂蜜中含有丰富的酶类物质，如果用开水冲泡，会使酶类物质失活，影响蜂蜜的口感和破坏其中的营养元素。因此，如果甜汤中需要加入蜂蜜，要等汤的温度降低至40℃左右再加哦。

CHAPTER 1

一碗热汤
的关怀

很多人喜欢煲汤，我也不例外。每次看各种食材在锅中随着水开而上下翻滚的时候，一种温暖就会从心底涌上来。一碗热汤，是父母对子女的牵挂，是爱人之间的关怀，是朋友之间的爱惜，是让人温暖的一次次感动。

Tips:

本章汤品的制作，采用偏清淡的基础调味方式，照顾喜好清淡口味的人群。你也可以根据自己的口味增加香辛料、酱油、香油、浓汤宝等提鲜料包。

紫菜蛋花汤可谓是一道大众又经典的汤，很多人对它都是百喝不厌的。今天我们来点小变化，加一点虾皮在里面，给汤增添些许鲜美滋味，让经典的味道更加美好。

紫菜虾皮鸡蛋汤

🕐 15分钟　🔥 简单

主料

紫菜5克｜鸡蛋1个｜虾皮10克

辅料

油2茶匙｜盐1/2茶匙｜胡椒粉少许
香葱1棵｜大蒜10克

~~~ 营养贴士 ~~~

紫菜的营养很丰富，有着"营养宝库"的美称，其中所含的多糖能够帮助人体细胞增强免疫功能，提高机体免疫力。

做法

1 紫菜洗净后控干水，撕碎，放入碗中；将鸡蛋磕入碗中，用筷子充分打散；香葱洗净后切成葱花；大蒜去皮后洗净，切成蒜末。

2 炒锅中放入油，烧至七成热后放入蒜末和一半葱花爆炒出香味。

3 加入约800毫升清水，大火煮开后放入紫菜搅拌均匀。

4 淋入蛋液，放入虾皮搅拌均匀。

5 加入盐和少许胡椒粉调味，搅拌均匀。

6 出锅前撒上剩余葱花即可关火。

 烹饪秘籍

虾皮、紫菜和鸡蛋都能够给汤带来鲜美的味道，所以不需要加鸡精类的调味品。胡椒粉可以根据自己的口味和喜好进行增减。

上班族的选择

丝瓜鸡蛋海米汤

🕐 15分钟　　🔥 简单

🌿 丝瓜全身都是宝，既可食用，又可药用。因为其有着美容养颜的功效，尤其受到爱美的女性的青睐。对上班族来说，做个快手的丝瓜汤是个不错的选择哦。

主料

丝瓜250克｜鸡蛋1个｜干海米10克

辅料

油2茶匙｜盐1/2茶匙｜香葱1棵
生姜10克

~~~ 营养贴士 ~~~

丝瓜的营养价值比较高，除了含有丰富的维生素和矿物质以外，还含有人参中所含有的皂苷，能够很好地带给人体滋补作用。

做法

1 干海米洗净，提前在清水中浸泡1小时。

2 丝瓜洗净、去皮，切成滚刀块；将鸡蛋磕入碗中，用筷子充分打散；香葱洗净、切成葱花；生姜洗净、去皮后切成姜末。

3 炒锅中放入油，烧至七成热后放入姜末和一半葱花爆炒出香味。

4 放入丝瓜块煸炒至变软。

5 锅中加入约800毫升清水，大火煮开后放入海米煮软，将蛋液淋入。

6 加入盐调味，撒上剩余葱花即可关火。

 烹饪秘籍

丝瓜煸炒之后比较容易变软，所以尽量不要切成很薄的片状，以免影响汤的品相。

眉毛在跳舞

花蛤鸡蛋黄瓜汤

🕐 25分钟（不含浸泡时间）　🔥 简单

主料

花蛤400克 | 鸡蛋1个 | 黄瓜100克

辅料

油2茶匙 | 盐1/2茶匙 | 香葱1棵

〰〰 营养贴士 〰〰

花蛤肉质鲜美，营养全面，含有丰
富的蛋白质、维生素等营养成分，
而且属于热量低、脂肪低的食物，
不用担心吃了以后会发胖。

做法

1 花蛤反复清洗干净后
放入盆中，倒入清水，
浸泡1小时左右吐沙。

2 黄瓜洗净后用擦丝器
擦成丝；香葱洗净后切
成葱花。

3 锅中加入清水，煮至
沸腾后将花蛤放入，再
次沸腾后将张口的花蛤
捞出凉凉。

4 将凉凉的花蛤取肉放
入大碗中，磕入一个鸡
蛋，搅拌均匀。

5 炒锅烧热后放入冷
油，倒入花蛤鸡蛋液，
炒熟打散后盛出备用。

6 利用锅中底油，烧至
七成热后，放入一半葱
花煸炒出香味。

7 加入约800毫升清水，
大火煮开后放入煎好的
花蛤鸡蛋拌均匀。

8 加入盐调味，出锅前
放入黄瓜丝和剩余葱花
即可关火。

 烹饪秘籍

最后放入黄瓜丝，利
用汤的高温烫熟即
可，否则煮的时间过
久，会使黄瓜丝变得
软烂而影响汤的口感。

鲜美的花蛤营养丰富，裹上蛋液之后有着柔嫩的口感，鸡蛋和花蛤肉给汤带来了天然的鲜美滋味，再搭配上清爽的黄瓜，这碗汤足够诱惑你。

跳跃的白胖子

紫菜鱼丸汤

🕐 15分钟 🍜 简单

主料
紫菜5克 ｜ 鱼丸150克 ｜ 菠菜1棵 ｜ 胡萝卜20克

辅料
油2茶匙 ｜ 盐1/2茶匙 ｜ 胡椒粉少许 ｜ 香葱1棵

〰〰 营养贴士 〰〰

鱼肉滋味鲜美，肉质鲜嫩，而且易于消化吸收，其中含有丰富的不饱和脂肪酸和硒元素，有助于保护人体的心血管系统，滋养身体。

做法

1 将菠菜的根部去掉，掰下叶子，用清水反复清洗干净；胡萝卜洗净，去皮后切成丝；香葱洗净后切成葱花。

2 锅内备冷水，将水烧开后放入洗净的菠菜，烫至菠菜变色、变软。

3 将菠菜捞出后过凉开水，沥干，切成小段备用。

4 炒锅中放入油，烧至七成热后放入一半葱花爆炒出香味。

5 加入约800毫升清水，大火煮开后放入鱼丸煮熟。

6 放入紫菜，加入盐调味，搅拌均匀。

7 放入菠菜和胡萝卜，继续煮半分钟左右。

8 加入胡椒粉搅拌均匀，出锅前撒上剩余葱花即可关火。

 烹饪秘籍

鱼丸可以自制也可以购买成品，如果觉得鱼丸有点腥味，可以在汤中加一点姜丝或者料酒去腥。

白白胖胖的鱼丸跳跃在紫菜环绕的汤中，给汤带来了鲜美的味道和丰富的营养。趁热喝一口汤，品一品鱼丸，感觉一切都刚刚好。

大海的味道

牡蛎娃娃菜汤

🕐 25分钟　🔥 简单

主料

牡蛎500克 | 娃娃菜150克

辅料

油2茶匙 | 盐1/2茶匙 | 香葱1棵
胡萝卜30克

做法

1 牡蛎在清水中清洗干净，撬开后将牡蛎肉取出，再次清洗干净；娃娃菜洗净后控干水，切成细丝；胡萝卜洗净、去皮后，用擦丝器擦成丝；香葱洗净后切成葱花。

2 炒锅中放入油，烧至七成热后放入一半葱花爆炒出香味。

3 放入娃娃菜丝煸炒至变软。

4 加入约1000毫升清水，大火煮开后放入牡蛎炖煮约3分钟。

5 加入盐调味，撒入胡萝卜丝，煮约1分钟。

6 出锅前撒上剩余葱花即可关火。

 烹饪秘籍

牡蛎煮的时间不宜过久，否则会皱缩严重而且影响口感。也可以提前将牡蛎蒸熟，待汤快要煮好时将牡蛎放入即可。

牡蛎肉质鲜嫩，味道鲜美，与有点甘甜的娃娃菜很搭配，而且二者均含有丰富的营养，是一碗美味又滋补的好汤。

超级满足

鲜虾豆腐汤

⏱20分钟（不含腌制时间）　🔥简单

主料

鲜虾150克｜豆腐100克

辅料

菠菜1棵｜火腿肠80克｜油2茶匙
盐1/2茶匙｜料酒1汤匙｜胡椒粉少许
生姜10克｜香葱1棵｜大蒜10克

～～ 营养贴士 ～～

豆腐中含有丰富的优质植物蛋白——大豆蛋白，能够为身体补充所需要的营养元素。并且豆腐中不含胆固醇，对身体健康比较有益。

做法

1 豆腐洗净后切成1厘米左右的块；将菠菜的根部去掉，掰下叶子，用清水反复清洗干净；火腿肠切成丁；香葱洗净后切成葱花；生姜洗净、去皮，切成姜丝；大蒜去皮后洗净，切成蒜片。

2 鲜虾洗净后去头、去壳，在背部划开一刀，用牙签挑出虾线。

3 将虾仁放在容器中，加入姜丝、蒜片、料酒、胡椒粉，用手抓匀后腌制20分钟。

4 锅内备冷水，将水烧开后放入洗净的菠菜，烫至菠菜变色、变软。

5 将菠菜捞出后过凉开水，沥干，切成小段备用。

6 炒锅中放入油，烧至七成热后放入火腿肠和一半葱花爆炒出香味。

7 加入约1000毫升清水，大火煮开后，放入豆腐和虾仁炖煮约3分钟。

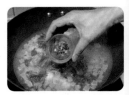

8 加入盐调味，出锅前放入菠菜，撒上剩余葱花即可关火。

 烹饪秘籍

汤中可以加一点水淀粉，这样的汤汁会更加浓郁一些。

软嫩的豆腐带着豆类特有的清香味道，与虾仁的鲜美滋味相互融合，给嘴巴带来超级的满足感。

低脂又营养

虾仁冬瓜汤

⏱ 20分钟（不含腌制时间）　🔥 简单

主料

鲜虾200克 ｜ 冬瓜150克

辅料

油2茶匙 ｜ 盐1/2茶匙 ｜ 料酒1汤匙 ｜ 胡椒粉少许
生姜10克 ｜ 大蒜10克 ｜ 香葱1棵

～～～ 营养贴士 ～～～

冬瓜含有丰富的矿物质，不含有脂肪，有一定的利水、消肿功效，比较适合想要减肥瘦身的人群食用。

做法

1 冬瓜去掉瓜皮和瓜瓤，洗净后切成0.5厘米厚的片；香葱洗净后将葱白切成段，将葱叶切成葱花；生姜洗净、去皮，切成姜丝；大蒜去皮后洗净，切成蒜末。

2 鲜虾洗净后去头、去壳，在背部划开一刀，用牙签挑出虾线。

3 将虾仁放在容器中，加入姜丝、料酒、胡椒粉，用手抓匀后腌制20分钟。

4 炒锅中放入油，烧至七成热后放入葱白段和蒜末爆炒出香味。

5 放入冬瓜片煸炒片刻至微微变色。

6 加入约1000毫升清水，大火煮开后转小火，炖煮至冬瓜变软熟透。

7 放入虾仁煮熟。

8 加入盐调味，出锅前撒上葱花即可关火。

 烹饪秘籍

虾仁也可以剁碎一些，同时把冬瓜切小块一些，这样在汤中的分布更加均匀，每一口都能尝到鲜美的滋味。

冬瓜营养丰富，有清热生津的功效。看似平淡的一碗汤，因为虾仁的加入增加了鲜美的滋味，冬瓜也变得更加好吃，细细品味这碗汤，简单又美味。

鸭肉也清淡

鸭腿冬瓜汤

🕐 90分钟（不含腌制时间） 🔥 中等

主料

鸭腿肉150克 | 冬瓜100克

辅料

盐1/2茶匙 | 生抽2茶匙 | 料酒2茶匙
香葱1棵 | 生姜10克

~~~ 营养贴士 ~~~

鸭肉中含有丰富的蛋白质，脂肪含量比较适中，易于被人体消化吸收，有滋阴润肺、增强体质的功效。

做法

1 鸭腿肉洗净后切成1厘米见方的肉丁；生姜洗净、去皮，切成姜丝；香葱洗净后将葱白切成段，葱叶切成葱花；冬瓜去掉瓜皮和瓜瓤，洗净后切成小块。

2 锅中放入鸭肉丁，加入没过食材的凉水，煮开后撇去表面的浮沫，将鸭肉丁捞出再次清洗干净。

3 将鸭肉丁放入大碗中，加入料酒、生抽、葱白段和姜丝抓匀，腌制20分钟。

4 砂锅中加入约1000毫升清水，大火煮开后，放入腌制好的鸭肉丁，再次煮开后转小火煲1小时。

5 加入盐和冬瓜块，搅匀后继续熬煮约15分钟。

6 最后加入葱花即可关火。

 烹饪秘籍

冬瓜不要放入得太早，否则会煮得过于软烂，影响口感。

提起鸭肉，最先想到的似乎是烤鸭，但烤鸭金黄流油的样子似乎有点油腻。其实，鸭肉也可以烹制出清淡的菜肴，这款鸭腿冬瓜汤就是个很好的例子。

暖身健体

姜丝鸭汤

⏱ 90分钟（不含腌制时间）　🔥 中等

主料

鸭腿肉150克｜生姜30克

辅料

盐1/2茶匙｜生抽2茶匙｜料酒2茶匙
香葱1棵｜枸杞子5克

~~~ 营养贴士 ~~~

生姜有增进食欲的功效，在汤中加一些还能够活血驱寒。除此以外，生姜还有一定的杀菌消毒功效，对身体有益。

做法

1 鸭腿肉洗净后切成1厘米见方的肉丁；生姜洗净、去皮，切成姜丝；香葱洗净后将葱白切成段，葱叶切成葱花；枸杞子洗净备用。

2 锅中放入鸭肉丁，加入没过食材的凉水，煮开后撇去表面的浮沫，将鸭肉丁捞出，再次清洗干净。

3 将鸭肉丁放入大碗中，加入料酒、生抽、葱白段和一半姜丝抓匀，腌制20分钟。

4 砂锅中加入约1000毫升清水，大火煮开后，放入腌制好的鸭肉丁和剩余姜丝，再次煮开后转小火煲1小时。

5 加入盐搅匀后继续熬煮约15分钟。

6 最后加入葱花和枸杞子即可关火。

烹饪秘籍

姜丝会让这道汤有点微辣的口感，如果不喜欢，可以根据自己的喜好适当减少姜丝的用量。

这款汤似乎更加适合冬天的时候喝，一锅香喷喷的鸭肉在汤中咕嘟咕嘟，加了姜丝之后，更加具有暖身功效，冬天也似乎不再那样寒冷。

女性滋补佳品

莲子百合乌鸡汤

🕐 80分钟（不含腌制和浸泡时间） 🥄 中等

主料

乌鸡150克 | 鲜香菇2个 | 莲子40克 | 干百合15克

辅料

盐1/2茶匙 | 料酒2茶匙 | 葱白1段 | 生姜15克
八角2个 | 茴香2克 | 红枣40克 | 枸杞子5克

～～～ 营养贴士 ～～～

乌鸡的药用价值和食疗价值都比较高，含有比普通鸡肉高很多的氨基酸和维生素，是滋补身体的佳品，能够帮助人体调节免疫功能，增强体质。

做法

1 乌鸡洗净后剁成小块；鲜香菇洗净、去蒂，切成1厘米左右的丁；葱白段洗净后切斜片；生姜洗净、去皮后切成薄片。

2 红枣、枸杞子洗净备用。

3 莲子和干百合洗净，提前在清水中浸泡3小时。

4 锅中放入乌鸡块，加入没过食材的凉水，煮开后撇去表面的浮沫，将乌鸡块捞出，再次清洗干净。

5 将乌鸡块放入大碗中，加入料酒、姜片、葱白、八角、茴香，抓匀后腌制20分钟。

6 砂锅中倒入1000毫升清水，放入乌鸡块、莲子、百合，大火烧开10分钟，转小火煲1小时。

7 放入红枣、香菇和盐，继续煲10分钟左右。

8 出锅前加入枸杞子即可关火。

 烹饪秘籍

最好根据自己的需要一次加足水，不要中途添加，这样炖出来的汤才鲜美。

乌鸡素有"药鸡"的美誉，是大众公认的滋补食材，尤其是对女性的滋补作用比较明显，被称为"妇科圣药"，女性朋友可以多多喝一些哦。

解腻的好选择

榨菜肉丝鸡蛋汤

🕐 15分钟　🔥 简单

主料

榨菜40克 ｜ 猪里脊肉100克 ｜ 鸡蛋1个

辅料

油2茶匙 ｜ 盐1/2茶匙 ｜ 香葱1棵

～～ 营养贴士 ～～

猪肉含有丰富的蛋白质、维生素和钙，对身体有很好的滋补作用，能够增强体质和提高机体免疫力。

做法

1 猪里脊肉洗净后控干水，切成丝；将鸡蛋磕入碗中，用筷子充分打散；香葱洗净后将葱白切成小段，将葱叶切成葱花。

2 炒锅中放入油，烧至七成热后放入葱白段爆炒出香味。

3 放入肉丝煸炒至颜色发白。

4 放入榨菜煸炒片刻。

5 加入约800毫升清水，大火煮开后淋入鸡蛋液搅匀。

6 加入盐调味，撒上葱花即可关火。

 烹饪秘籍

榨菜切碎一点能够更加均匀地分布在汤中，让汤的味道更足。

虽然汤里有肉丝，但是喝起来却感觉很解腻，这也许是榨菜的功劳吧，带给了汤别样的风味，搭配肉香，让人一下子就爱上它。

肉香十足又不腻

酥肉白菜汤

🕐 40分钟（不含腌制时间） 🔥 中等

主料

猪五花肉200克 | 白菜叶150克 | 鸡蛋清2个

辅料

油适量 | 盐1/2茶匙 | 生抽1汤匙 | 料酒1汤匙
淀粉50克 | 香葱1棵 | 枸杞子10克

营养贴士

猪肉中的维生素B₁含量比较丰富，能够改善人体神经系统的功能，增强人体免疫力，为身体增添活力。

做法

1 猪五花肉洗净后控干水，切成0.5厘米厚、2厘米见方的片；白菜叶洗净后控干水，用手撕成小块；香葱洗净后切成葱花；枸杞子洗净备用。

2 五花肉放入大碗中，加入生抽、料酒、10克淀粉搅拌均匀，腌制20分钟。

3 剩余淀粉中加入鸡蛋清和适量清水搅匀成为面糊，放入五花肉裹匀。

4 炸锅中倒入适量油，六成热后将酥肉放入炸至金黄色熟透后，捞出控油，凉凉。

5 炒锅中放入1汤匙油，烧至七成热后放入一半葱花爆炒出香味。

6 放入白菜叶煸炒至变软。

7 加入约1000毫升清水，大火煮开后，放入酥肉炖煮约3分钟。

8 加入盐调味，出锅前撒上枸杞子和剩余葱花即可关火。

 烹饪秘籍

炸酥肉的时候可以分两遍炸。第一遍炸至定形后捞出，控油后再次放入油锅炸至金黄色，这样能够减少食物的含油量，更加健康一些。

虽然知道多吃素菜对身体比较好，但是偶尔也会馋肉肉。油炸的酥肉充满香味，与白菜同煮做汤，解除部分油腻，味道还更加鲜美。

似乎有点甜

莲藕瘦肉汤

⏱ 20分钟（不含腌制时间）　🔥 简单

主料

莲藕200克｜猪里脊肉100克

辅料

油2茶匙｜盐1/2茶匙｜生抽2茶匙
料酒2茶匙｜香葱1棵

～～～ 营养贴士 ～～～

莲藕有比较高的食用价值和药用价
值，其中的维生素和矿物质含量多
且丰富，能够有效帮助人体清除体
内有害物质，让身体充满活力。

做法

1 里脊肉洗净后控干
水，切成1厘米左右的小
块；莲藕洗净后去皮，
切成1厘米左右的小块；
香葱洗净后切成葱花。

2 里脊肉放入大碗中，
加入生抽、料酒搅拌均
匀，腌制20分钟。

3 炒锅中放入油，烧至
七成热后放入一半葱花
爆炒出香味。

4 放入里脊肉煸炒至颜
色发白。

5 加入约800毫升清水，
大火煮开后放入莲藕和
盐，炖煮约10分钟。

6 出锅前撒上剩余葱花
即可关火。

 烹饪秘籍

莲藕有口感脆爽和绵
软之分，煮汤最好选
择口感绵软的莲藕，
这样做出来的汤口感
比较好一些。

莲藕经过熬煮之后散发出了微微的甜味，口感也变得绵软起来。莲藕吸收了汤中肉的味道，变得更加有滋有味。

浓浓的美味
西蓝花肉末汤

🕐 15分钟（不含腌制时间） 🥄 简单

主料

西蓝花200克 | 猪里脊肉100克

辅料

油2茶匙 | 盐1/2茶匙 | 生抽2茶匙
料酒2茶匙 | 香葱1棵 | 干木耳5克
淀粉5克

~~~ 营养贴士 ~~~

西蓝花的营养价值很高，含有比
其他蔬菜更全面的矿物质，能够
提高机体免疫力，具有一定的防
病作用。

做法

1 猪里脊肉洗净后控干
水，切成肉末；西蓝花
洗净后控干水，掰成小
朵；香葱洗净后切成葱
花；干木耳提前用温水
泡发2小时左右，洗净并
切成丝。

2 里脊肉末放入大碗中，
加入生抽、料酒、淀粉
搅拌均匀，腌制20分钟。

3 炒锅中放入油，烧至
七成热后放入一半葱花
爆炒出香味。

4 加入约800毫升清水，
大火煮开后放入西蓝花
和木耳，炖煮约10分钟。

5 放入里脊肉末煮2分
钟左右。

6 加入盐调味，出锅前
撒上剩余葱花即可关火。

🍲 烹饪秘籍

因为淀粉的加入，这
道汤的口感会比较浓
一些。如果喜欢清
汤，可以在腌制肉末
的时候不加淀粉。

碧绿的西蓝花为这碗汤带来了丰富的营养，
细细碎碎的肉末撒在汤中，增添了浓郁的肉香。
大口喝汤，有肉有菜，真是让人满足。

肉香十足

排骨玉米汤

⏱ 80分钟　　🔥 中等

主料

猪肋排200克｜鲜香菇2个
玉米150克｜胡萝卜100克

辅料

盐1/2茶匙｜料酒2茶匙｜八角2个
茴香2克｜大葱葱白1段｜生姜15克
香葱1棵

～～～ 营养贴士 ～～～

排骨中的蛋白质、维生素和钙的含
量均比较丰富，玉米和胡萝卜能够
提供丰富的膳食纤维，对身体有很
好的滋补作用，能够增强体质和提
高机体免疫力。

做法

1 猪肋排洗净，控干水
后剁成约4厘米长的段；
鲜香菇洗净、去蒂，切
成小块；玉米切成块；
胡萝卜洗净、去皮，切
成滚刀块。

2 将大葱葱白洗净、切
成段；生姜洗净、去皮
后切成薄片；香葱洗净
后切成葱花。

3 锅中放入排骨块，加
入没过食材的凉水，煮
开后撇去表面的浮沫，
将排骨块捞出，再次清
洗干净。

4 砂锅中倒入1200毫升
清水，放入排骨块、香
菇、玉米，加入葱白段、
姜片、料酒、八角、茴
香，大火烧开后转小火煲
1小时。

5 放入胡萝卜块和盐，
炖煮约5分钟。

6 出锅前加入葱花即可。

　烹饪秘籍

如果不喜欢玉米煮得比较软烂，可以在排骨熬
煮30分钟后再放入玉米。

排骨给汤带来了浓浓的肉香，玉米给汤增添了微甜的味道，而且玉米和胡萝卜在一定程度上还有解腻的作用哦。

满满的胶原蛋白

猪蹄黄豆汤

🕙 80分钟（不含腌制时间） 🍳 中等

主料

猪蹄半个｜黄豆80克｜花生仁60克

辅料

盐1/2茶匙｜料酒2茶匙｜生抽2茶匙
八角2个｜生姜15克｜香葱1棵

─── 营养贴士 ───

猪蹄中的蛋白质、矿物质和维生素
等有益成分含量很丰富，尤其是富
含胶原蛋白，能够使皮肤更具有光
泽和弹性，这也是它受到大众喜爱
的原因之一。

做法

1 黄豆和花生仁洗净，提
前在清水中浸泡1小时。

2 猪蹄洗净后剁成小块；
香葱洗净，将葱白切成
段，葱叶切成葱花；生
姜洗净后去皮，切成片。

3 锅中放入猪蹄，加入没
过食材的凉水，煮开后撇
去表面的浮沫，将猪蹄捞
出，冲洗干净备用。

4 将猪蹄放入大碗中，
加入料酒、生抽、八
角、葱白段和姜片腌制
半小时，腌好之后将八
角、葱白段和姜片挑出
弃去。

5 砂锅中倒入1200毫升
清水，放入猪蹄、黄豆、
花生仁，大火烧开10分
钟，转小火煲1小时。

6 加入盐调味，出锅前
撒上葱花即可。

 烹饪秘籍

汤中还可以根据自己
的喜好加入红枣、莲
子等食材，会让汤的
营养更加丰富。

猪蹄肥而不腻而且营养丰富，轻轻咬一口，仿佛感受到了满满的胶原蛋白在嘴巴里跳舞呢，真的是太满足啦。

营养很丰富
黄豆芽海带汤

⏱ 20分钟　🔥 简单

主料

黄豆芽150克 ｜ 海带100克
猪五花肉100克

辅料

油2茶匙 ｜ 盐1/2茶匙 ｜ 生抽2茶匙
大蒜10克 ｜ 熟白芝麻3克

〜〜〜 营养贴士 〜〜〜

海带中的碘等矿物质元素较为丰
富，能够为人体补充所需要的营养
物质；黄豆芽是比较好的蛋白质和
维生素来源之一，能够增强体质。

做法

1 猪五花肉洗净后控干
水，切成肉片；海带洗
净后控干水，切成约0.5
厘米宽的丝；黄豆芽洗
净后控干水备用；大蒜
去皮，切成蒜末。

2 炒锅中放入油，烧至
七成热后放入蒜末爆炒
出香味。

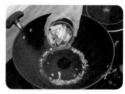

3 放入五花肉煸炒至颜
色发白。

4 加入约1000毫升清水，
大火煮开后加入盐和生
抽，搅拌均匀。

5 放入海带和黄豆芽炖
煮约30分钟。

6 出锅后撒上熟白芝麻
即可。

 烹饪秘籍

海带和黄豆芽均比较不
容易入味，所以盐要提
前加入，而且可以根据
自己的口味对盐的用量
进行适当增加。

黄豆芽和海带都是营养丰富的食物，有很好的食疗养生价值。肉的加入让这道汤喝起来滋味更足，而且营养更加丰富。

暖暖的幸福
白萝卜羊肉汤

🕐 80分钟（不含腌制时间） 🔥 中等

主料

羊肉200克 | 白萝卜150克

辅料

盐1/2茶匙 | 生抽2茶匙 | 料酒2茶匙
生姜15克 | 香葱1棵

━━━ 营养贴士 ━━━

白萝卜中含有大量的水分和维生素，尤其是维生素C的含量比较高，对于减少脂肪沉积有一定的帮助。

做法

1 羊肉洗净后切成1厘米见方的肉丁；白萝卜去皮后洗净，切成2厘米左右的滚刀块。

2 生姜洗净、去皮，切成姜丝；香葱洗净后将葱白切成段，葱叶切成葱花。

3 锅中放入羊肉丁，加入没过食材的凉水，煮开后撇去表面的浮沫，将羊肉丁捞出，再次清洗干净。

4 将羊肉丁放入大碗中，加入料酒、生抽、葱白段、姜丝抓匀，腌制30分钟。

5 砂锅中加入约1000毫升清水，大火煮开后，放入白萝卜块、羊肉丁，大火烧开10分钟，转小火煲1小时。

6 最后加入盐和葱花，搅匀后即可关火。

 烹饪秘籍

羊肉带有一定的膻味，用料酒腌制或者在汤中加一点白酒可以去除部分膻味。

这是一款尤其适合冬天喝的滋补暖身汤。看外面雪花飘飘，听锅中汤在咕嘟冒泡，仿佛寒冷也悄悄地离开了。

滋养身体的好味道
山药羊肉汤

⏱ 80分钟（不含腌制时间）　🔥 中等

主料

羊肉200克 ｜ 山药100克 ｜ 胡萝卜100克

辅料

盐1/2茶匙 ｜ 生抽2茶匙 ｜ 料酒2茶匙
生姜15克 ｜ 香葱1棵

～～～ 营养贴士 ～～～

山药几乎不含脂肪，其中的营养物质含量丰富，对增强体质、提高抵抗力很有帮助，还有一定的降血脂、降血糖作用。

做法

1 羊肉洗净后切成1厘米见方的肉丁；山药去皮后洗净，切成2厘米左右的滚刀块；胡萝卜去皮后洗净，切成2厘米左右的滚刀块。

2 生姜洗净、去皮，切成姜丝；香葱洗净后将葱白切成段，葱叶切成葱花。

3 锅中放入羊肉丁，加入没过食材的凉水，煮开后撇去表面的浮沫，将羊肉丁捞出，再次清洗干净。

4 将羊肉丁放入大碗中，加入料酒、生抽、葱白段、姜丝抓匀，腌制30分钟。

5 砂锅中加入约1000毫升清水，大火煮开后，放入山药块、羊肉丁，大火烧开10分钟，转小火煲1小时。

6 加入胡萝卜块煮5分钟左右，最后加入盐和葱花，搅匀后即可关火。

 烹饪秘籍

羊肉块可以切得小一些，这样更容易炖煮软烂，口感更好一些。

羊肉的滋补作用自不必多说，加了山药和胡萝卜，汤更加好喝，营养也更加丰富。喝完满满一碗汤，瞬间充满活力。

汤浓肉香滋味足

番茄牛肉汤

🕐 60分钟　🔥 中等

主料

番茄2个 | 牛腩200克

辅料

油2茶匙 | 盐1/2茶匙 | 番茄酱2汤匙
香葱1棵

～～ 营养贴士 ～～

牛肉中含有丰富的氨基酸和矿物质，而且消化吸收率比较高，有较强的补益作用，能够让身体更加强壮。

做法

1 番茄洗净后在顶部切十字花，淋热水，剥去皮后切成小块。

2 将牛腩洗净后控干水，切成1厘米左右的小块；香葱洗净后将葱白切成段，葱叶切成葱花。

3 锅中放入牛肉丁，加入没过食材的清水，煮开后撇去表面的浮沫，将牛肉丁捞出，再次清洗干净。

4 炒锅中放入油，烧至七成热后放入葱白段爆炒出香味。

5 放入番茄块充分煸炒至基本变软。

6 放入番茄酱、牛肉丁煸炒片刻。

7 加入约1000毫升清水，大火煮开后转小火炖煮约40分钟。

8 加入盐调味，出锅前撒上葱花即可关火。

 烹饪秘籍

牛肉丁可以切得小一些，这样比较容易煮软烂，汤的口感会更好一些。

颜色红亮的汤汁中，藏着一块一块的牛肉。
舀一勺放入口中，肉香和番茄的酸甜味道融合在
一起，一下子就爱上了这美好的滋味。

快手简单
榨菜魔芋汤

⏱ 15分钟　🔥 简单

主料

榨菜40克 ｜ 魔芋结100克 ｜ 鸡蛋1个

辅料

油2茶匙 ｜ 盐1/2茶匙 ｜ 香葱1棵

〜〜〜 营养贴士 〜〜〜

魔芋含有丰富的膳食纤维，在降血糖、降血脂、减肥、养颜等方面有一定功效，是比较理想的健康食品。

做法

1 魔芋结用清水清洗几遍去除碱水味；将鸡蛋磕入碗中，用筷子充分打散；香葱洗净后切成葱花。

2 炒锅中放入油，烧至七成热后放入一半葱花爆炒出香味。

3 放入榨菜煸炒片刻。

4 加入约800毫升清水，大火煮开后放入魔芋结煮约1分钟。

5 淋入鸡蛋液搅匀。

6 加入盐调味，撒上剩余葱花即可关火。

 烹饪秘籍

榨菜的口味比较多，可以根据自己的喜好进行选择。因为榨菜含有一定的盐分，所以汤中的盐要根据自己的口味进行调整。

偶尔想要偷懒，会买一包榨菜来吃。不妨留出来半包榨菜做一碗汤吧，加点魔芋结在里面，味道还不错呢。

脆爽和绵软的相遇

圆白菜豆腐汤

⏱15分钟　🥄简单

主料

圆白菜100克 ｜ 豆腐150克
火腿肠80克

辅料

油2茶匙 ｜ 盐1/2茶匙 ｜ 香葱1棵

～～～ 营养贴士 ～～～

圆白菜是家庭餐桌常见的蔬菜之
一，水含量高、热量低且富含维生
素，是想要通过控制饮食来减肥的
人群的良好选择。

做法

1 圆白菜洗净后控干
水，切成细丝；火腿肠
切成丁。

2 豆腐洗净后切成1厘
米左右的块；香葱洗净
后切成葱花。

3 炒锅中放入油，烧至
七成热后放入火腿肠和
一半葱花爆炒出香味。

4 放入圆白菜丝煸炒至
变软。

5 加入约1000毫升清
水，大火煮开后放入豆
腐，炖煮约3分钟。

6 加入盐调味，出锅前
撒上剩余葱花即可关火。

 烹饪秘籍

这道汤的味道比较清
淡，如果想要滋味更足
一些，可以将火腿肠替
换成里脊肉，给汤增添
一些肉类的香气。

圆白菜带着一丝丝脆爽的口感，与豆腐绵软的口感形成对比。这碗汤有着清清爽爽的样子和清淡的味道，比较适合想要节食瘦身的人群食用。

茼蒿在古代被称为"皇帝菜"。食用茼蒿有润肺、养脾胃的功效。茼蒿特有的清香味道受到很多人的欢迎，除了涮和炒，将茼蒿做成汤，也是非常美味的哦。

品味清香

茼蒿鸡蛋汤

⏱ 15分钟　🍳 简单

主料

茼蒿100克｜鸡蛋1个

辅料

油2茶匙｜盐1/2茶匙｜大葱1段

～～～ **营养贴士** ～～～

茼蒿含有丰富的维生素，能够滋养脾胃、养心安神，其芳香的气味也有助于增加唾液的分泌，有促进食欲的功效。

做法

1 茼蒿洗净，切掉底部的部分老根；将鸡蛋磕入碗中，用筷子充分打散；大葱洗净后控干水，切成葱花。

2 锅中加入清水，煮至沸腾后将茼蒿放入，焯烫至茼蒿变色、变软。

3 将茼蒿捞出，控干水，切碎。

4 炒锅中放入油，烧至七成热后放入葱花，爆炒出香味。

5 加入约800毫升清水，大火煮开后放入茼蒿碎和盐，搅拌均匀。

6 将蛋液淋入，再次煮开后即可关火。

 烹饪秘籍

鸡蛋能够增添汤的鲜美味道，就不需要再额外加鸡精了。如果想要汤更香一些，可以在最后滴几滴香油。

绿色小清新
翡翠香菇汤

🕐 15分钟　🔥 简单

主料

菠菜150克｜鲜香菇3朵｜枸杞子5克

辅料

盐1/2茶匙

🌱 翠绿的菠菜带来养眼的小清新，让人感觉很有食欲。切成小块的香菇在其中跳跃，增添了鲜美的滋味，喝完这一碗汤，感觉充满了活力。

CHAPTER 1 一碗热汤的关怀

〜〜 营养贴士 〜〜

菠菜中含有丰富的膳食纤维和维生素，能够促进肠道蠕动和人体新陈代谢，对保持身体健康很有帮助。

做法

1 菠菜去掉根部以后将叶子掰下，清洗干净；鲜香菇洗净后去蒂，切成小丁。

2 锅内备冷水，将水烧开后放入洗净的菠菜，烫至菠菜变色、变软。

3 将香菇放入沸水中焯一两分钟，捞出。

4 将一半菠菜放入料理机中，加入少量清水打成泥；将另一半菠菜切碎备用。

5 锅中加入约800毫升清水，大火煮开后放入菠菜泥、菠菜碎和香菇丁搅拌均匀。

6 加入盐调味，放入枸杞子，熬煮约1分钟即可关火。

🍲 烹饪秘籍

焯菠菜的时候，在水中加入几滴油和一点盐，能够保持菠菜颜色鲜亮。

红彤彤的汤汁看起来分外诱人，番茄有点酸酸的味道，用带着一点甜味的番茄酱进行了中和，再加上蟹味菇的鲜美味道，融合成了一碗好喝的汤。

有点酸，有点鲜
番茄蟹味菇汤

⏱ 20分钟 | 🔥 中等

主料

番茄1个 | 蟹味菇100克

辅料

油2茶匙 | 盐1/2茶匙 | 番茄酱2汤匙
香葱1棵

~~~ 营养贴士 ~~~

番茄含有多种维生素，其中含有的维生素C具有抗氧化作用，可以帮助机体清除多余的氧化自由基，有一定的抗衰老作用。

做法

1 番茄洗净后在顶部切十字花，淋热水，剥去皮后切成小块。

2 将蟹味菇根部切掉，洗净后控干水；香葱洗净后将葱白切成段，葱叶切成葱花。

3 炒锅中放入油，烧至七成热后放入葱白段爆炒出香味。

4 放入番茄块和番茄酱，充分煸炒至番茄块基本变软。

5 加入约1000毫升清水，大火煮开后放入蟹味菇煮约10分钟。

6 加入盐调味，出锅前撒上葱花即可关火。

 烹饪秘籍

将番茄去皮，煮出来的汤不仅好看也更好喝。番茄块尽量炒得软一些，能够更加融合在汤里，味道会更好。

CHAPTER 2

一钵好粥
的慰藉

清晨，一碗热气腾腾的粥会给你带来一天的能量；归家的夜晚，一碗热气腾腾的粥会卸去一身的疲惫。生活可能会有一些压力，不要在意，就让一钵好粥为你带来慰藉吧。在这碗粥中，你会品味到浓浓的爱意，你会感受到家人的支持。

清清淡淡的鲜美

丝瓜虾仁粥

⏱ 50分钟（不含浸泡和腌制时间） 🥄 简单

主料

丝瓜100克 | 鲜虾150克 | 大米100克

辅料

盐1/2茶匙 | 大蒜15克 | 生姜10克
香葱1棵 | 料酒2茶匙 | 淀粉5克

做法

1 大米洗净，提前在清水中浸泡30分钟。

2 丝瓜洗净、去皮，切成2厘米左右的滚刀块；大蒜去皮，切成片；生姜洗净、去皮后切成丝；香葱洗净后将葱白切成丝，将葱叶切成葱花。

3 鲜虾洗净后去头、壳，在背部划开一刀，用牙签挑去虾线，洗净。

4 将虾仁放在容器中，加入蒜片、葱丝、姜丝、料酒、淀粉，用手抓匀后腌制20分钟。

5 砂锅中加入约1000毫升清水，大火烧开后放入泡好的大米。

6 再次烧开后转小火熬煮约40分钟，其间用饭勺不时搅动，防止煳锅。

7 将虾仁和丝瓜放入粥中，熬煮约3分钟至熟透。

8 最后加入盐调味，出锅前撒上葱花即可。

 烹饪秘籍

在平底锅中加入少许油，将虾仁、丝瓜块炒制一下再放入粥中，味道会更香。

丝瓜顺滑柔软，虾仁鲜嫩营养，加上大米的清香味道，带给嘴巴一次美味体验，也带给身体更多的能量。

鲜美香味浓

鲜虾瘦肉粥

🕐 55分钟（不含浸泡和腌制时间） 🍴 简单

主料

鲜虾120克 | 猪里脊肉80克 | 大米100克
鲜香菇2朵

辅料

盐1/2茶匙 | 料酒2茶匙 | 淀粉5克
大蒜15克 | 生姜10克 | 香葱1棵

～～～ 营养贴士 ～～～

虾仁和香菇中的蛋白质含量都比较
高，还含有丰富的矿物质和维生
素，二者均能够增强身体抵抗力。

做法

1 大米洗净，提前在清水中浸泡30分钟。

2 鲜香菇洗净、去蒂，切成小丁；里脊肉洗净后控干水，切成肉末；大蒜去皮，切成片；生姜洗净、去皮后切成丝；香葱洗净后将葱白切成丝，将葱叶切成葱花。

3 鲜虾洗净后去头、壳，在背部划开一刀，用牙签挑去虾线，洗净。

4 将虾仁切碎，放在容器中，加入蒜片、葱丝、姜丝、料酒、淀粉，用手抓匀后腌制20分钟。

5 砂锅中加入约1000毫升清水，大火烧开后放入泡好的大米和香菇。

6 再次烧开后转小火熬煮约40分钟，其间用饭勺不时搅动，防止煳锅。

7 将虾仁和肉末放入粥中，熬煮约3分钟至熟透。

8 最后加入盐调味，出锅前撒上葱花即可。

 烹饪秘籍

尽量购买鲜香菇，能够缩短熬煮时间。如果使用干香菇，要提前对香菇进行泡发。

虾仁和肉丁就像调皮的小豆子一样在米粒中躲藏，带着鲜美的滋味和香浓的味道，让每一口粥都回味无穷。

独特的清香味道

芹菜肉末粥

⏱ 50分钟（不含浸泡时间）　🥄 简单

主料

芹菜150克 ｜ 猪里脊肉80克
枸杞子5克 ｜ 大米100克

辅料

油2茶匙 ｜ 盐1/2茶匙

做法

1 大米洗净，提前在清水中浸泡30分钟。

2 芹菜择去叶子，洗净后控干水，用刀切碎；里脊肉洗净后控干水，切成肉末；枸杞子洗净后备用。

3 炒锅中放入油烧至七成热，放入肉末煸炒至颜色发白后盛出备用。

4 砂锅中加入约1000毫升清水，大火烧开后放入泡好的大米和肉末。

5 再次烧开后转小火熬煮约40分钟，其间用饭勺不时搅动，防止煳锅。

6 将芹菜碎放入粥中，熬煮约3分钟至熟透。

7 最后加入盐调味，放入枸杞子即可关火。

 烹饪秘籍

如果能接受芹菜叶的味道，可以在粥中加入部分芹菜叶碎，更加有营养。

芹菜有一种独特的清香味道，而且营养也很丰富，细细品味，粥中肉的香味和芹菜的香味相互融合在一起，越喝越喜欢。

山珍配肉香

香菇瘦肉粥

🕐 50分钟（不含浸泡时间）　🥄 简单

主料

猪里脊肉100克 ｜ 鲜香菇3朵
大米100克

辅料

油2茶匙 ｜ 盐1/2茶匙 ｜ 香葱1棵

~~~ 营养贴士 ~~~

香菇中含有丰富的蛋白质、维生素
和矿物质，具有比较高的营养价
值，对增强体质、提高机体免疫功
能很有帮助。

做法

1 大米洗净，提前在清
水中浸泡30分钟。

2 鲜香菇洗净、去蒂，
切成小丁；里脊肉洗净
后控干水，切成肉丝；
香葱洗净后切成葱花。

3 炒锅中放入油，烧至
七成热，放入肉丝煸炒
至颜色发白后盛出备用。

4 砂锅中加入约1000毫
升清水，大火烧开后放
入泡好的大米、香菇丁
和肉丝。

5 再次烧开后转小火熬
煮约40分钟，其间用饭
勺不时搅动，防止煳锅。

6 最后加入盐调味，撒
上葱花即可关火。

 烹饪秘籍

香菇丁也可以跟肉丝一
起煸炒之后再放入粥
中，这样味道会更香。

肉肉的香菇切成小丁以后，将菌菇的香味很好地融合在粥中。细细的肉丝增添了香喷喷的味道，在早上喝一碗，开启元气满满的一天。

香芋排骨粥

🕐 55分钟（不含浸泡和腌制时间） 🥄 中等

主料

猪肋排100克 | 香芋100克 | 鲜香菇2个 | 大米80克

辅料

盐1/2茶匙 | 料酒2茶匙 | 生抽2茶匙 | 蚝油2茶匙
八角2个 | 茴香2克 | 白胡椒粉1克 | 香葱1棵
生姜10克

~~~ 营养贴士 ~~~

香芋中的植物蛋白含量丰富，并且含有多种矿物质，被人体吸收后可以产生免疫球蛋白，能够增强人体对疾病的抵抗能力。

做法

1 大米洗净，提前在清水中浸泡30分钟。

2 猪肋排洗净，控干水后剁成约4厘米长的段。

3 香葱洗净，将葱白切成段，葱叶切成葱花；生姜洗净、去皮后切成薄片；鲜香菇洗净、去蒂，切成小块；香芋洗净、去皮，切成2厘米左右的滚刀块。

4 锅中放入猪肋排，加入没过食材的凉水，煮开后撇去表面的浮沫，将猪肋排捞出，再次清洗干净。

5 猪肋排放入大碗中，加入葱白段、姜片、料酒、生抽、八角、茴香、蚝油，腌制30分钟。

6 砂锅中加入约1100毫升清水，大火烧开后放入猪肋排，再次烧开后转小火煮约10分钟。

7 放入香菇块、香芋块和大米，烧开后转小火煮约30分钟，其间用饭勺不时搅动，防止煳锅。

8 最后加入盐和白胡椒粉调味，撒上葱花即可关火。

 烹饪秘籍

如果没有时间腌制猪肋排，可以在炒锅中将其煸炒一下再放入粥中熬煮。

排骨为粥带来了浓浓的肉香，为了让粥不那么油腻，就加入一些香芋，既丰富了粥的口感，又吸收一部分油腻的味道，一举两得。

营养丰富，味道鲜美

紫菜肉松粥

🕐 40分钟（不含浸泡时间）　🔥 简单

主料

大米100克｜猪肉松30克｜紫菜5克
熟白芝麻5克

辅料

盐1/2茶匙

做法

1 大米洗净，提前在清
水中浸泡30分钟。

2 紫菜洗净后控干水，
撕碎，放入碗中。

3 砂锅中加入约1000毫
升清水，大火烧开后放
入泡好的大米。

4 继续煮开后转小火熬
煮约30分钟，其间用饭
勺不时搅动，防止煳锅。

5 加入紫菜和盐，搅拌
均匀后煮约5分钟即可
关火。

6 在粥的表面撒上肉松
和白芝麻，食用时搅拌
均匀即可。

 烹饪秘籍

肉松有一定的含盐
量，所以粥中的盐要
根据自己的口味进行
适当调整。

紫菜和肉松都有着鲜美的味道，让这款粥分外好喝。除此以外，这款粥的营养也很丰富哦，特别适合青少年和老年人食用。

咸鲜和微甜的碰撞
培根娃娃菜粥

⏱ 50分钟（不含浸泡时间） 　🥄 中等

主料

培根100克 ｜ 娃娃菜叶80克
大米100克

辅料

油1茶匙 ｜ 盐1/2茶匙 ｜ 香葱1棵

～～～ 营养贴士 ～～～

娃娃菜含有丰富的维生素和微量元素，具有养胃生津的功效。因其叶酸含量比较高，孕妈妈也可以适量食用。

做法

1 大米洗干净，提前在清水中浸泡30分钟。

2 娃娃菜叶洗净，切成细丝；香葱洗净后将葱叶切成葱花。

3 不粘锅中刷一层油，小火将培根煎熟，晾凉后切成1厘米见方的片。

4 砂锅中加入约1000毫升清水，大火烧开后放入泡好的大米。

5 再次煮开后转小火熬煮约35分钟，其间用饭勺不时搅动，防止煳锅。

6 放入培根片和娃娃菜叶，继续熬煮5分钟左右。

7 出锅前加入盐调味，撒上葱花即可关火。

 烹饪秘籍

如果不想浪费，娃娃菜的菜梗也可以切成细丝后入粥，但菜梗比菜叶更耐煮，因此要在菜叶之前放入，提前煮一两分钟。

培根的咸鲜味道让粥十分可口，娃娃菜则增添了丝丝清甜，咸鲜和微甜的碰撞，竟然如此美妙。

猪肝胡萝卜粥

⏱ 50分钟（不含浸泡和腌制时间）　🔥 中等

主料

猪肝100克 ｜ 胡萝卜100克 ｜ 大米100克

辅料

盐1/2茶匙 ｜ 料酒2茶匙 ｜ 生姜10克
香葱1棵

～～～ 营养贴士 ～～～

胡萝卜含有丰富的维生素A，具有
明目的功效，常吃对眼睛有益。猪
肝也具有养肝明目的功效，二者搭
配，相得益彰。

做法

1 大米洗净，提前在清水中浸泡30分钟。

2 胡萝卜洗净、去皮后切碎；生姜洗净、去皮，切成片；香葱洗净后将葱白切成段，葱叶切成葱花。

3 猪肝清洗干净，切成厚0.5厘米的片，在清水中反复清洗至无血水。

4 处理好的猪肝放入大碗中，加入姜片、料酒、葱白段腌制20分钟左右。

5 砂锅中加入约1000毫升清水，大火烧开后放入泡好的大米。

6 再次煮开后转小火熬煮约30分钟，其间用饭勺不时搅动，防止煳锅。

7 加入腌制好的猪肝和胡萝卜，继续熬煮10分钟左右。

8 出锅前撒上盐和葱花，搅匀即可关火。

 烹饪秘籍

猪肝需要提前处理干净，最好是将猪肝在清水中浸泡一两个小时，去除残血和毒素。

胡萝卜富含多种维生素，与营养丰富的猪肝一起熬成粥，不仅美味还营养。也可以把食材切得细细碎碎的，熬入粥中，这样小宝宝也可以喝了呢。

Soup

鲜上心头
鸡蓉玉米粥

🕐 50分钟（不含浸泡时间）　🔥 中等

主料
鸡胸肉100克｜玉米粒60克｜大米80克

辅料
盐1/2茶匙｜白胡椒粉1克｜香葱1根
皮蛋1个

~~~ 营养贴士 ~~~

鸡肉比较容易被人体消化，它的脂肪含量比较低，而维生素和蛋白质非常丰富，能够滋补身体，增强体质。

做法

1 大米洗干净，提前在清水中浸泡30分钟。

2 鸡胸肉洗净后切成蓉；玉米粒洗净，控干水备用；香葱洗净后取葱叶，切成葱花；皮蛋去壳后切成小丁。

3 砂锅中加入约1000毫升清水，大火烧开后放入泡好的大米。

4 再次煮开后转小火熬煮约30分钟，其间用饭勺不时搅动，防止煳锅。

5 放入鸡肉蓉、玉米粒和皮蛋丁搅匀，继续小火熬煮约10分钟。

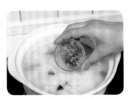

6 放入盐、白胡椒粉调味，撒上葱花即可关火。

 烹饪秘籍

皮蛋黄比较容易煮散开，如果想吃完整一些的皮蛋黄，可以在最后粥快熬好的时候再加入。

细细碎碎的鸡肉散落在颗颗米粒之间，每一口粥都有着鲜美的味道。时不时地，还能吃到粥中的皮蛋丁，真是美味。

温暖身心

姜丝羊肉粥

🕐 65分钟（不含浸泡时间） 🥄 中等

主料

羊肉100克 | 大米100克

辅料

油2茶匙 | 盐2克 | 生抽2茶匙 | 料酒2茶匙
蚝油2茶匙 | 香葱1棵 | 生姜20克 | 大蒜20克
冰糖10克 | 八角1个 | 茴香2克

做法

1 羊肉洗净，控干水，切成1厘米左右的块；香葱洗净后，将葱白切成段，葱叶切成葱花；生姜洗净、去皮后切成丝；大蒜去皮，掰成蒜瓣后切成蒜片。

2 大米洗干净，提前在清水中浸泡30分钟。

3 锅中放入羊肉块，加入没过食材的凉水，煮开后撇去表面的浮沫，将羊肉块捞出，再次清洗干净。

4 炒锅中放油，烧至七成热后，放入葱白段、蒜片和一半姜丝爆炒出香味。

5 放入焯好的羊肉块继续爆炒，调入料酒、生抽、蚝油、八角、茴香、冰糖，炒匀后盛出备用。

6 砂锅中加入约1100毫升清水，大火烧开后放入炒好的羊肉块，继续烧开后转小火焖煮约15分钟。

7 放入泡好的大米和剩余的姜丝，继续熬煮约40分钟，其间用饭勺不时搅动，防止煳锅。

8 最后加入盐调味，撒上适量葱花即可关火。

 烹饪秘籍

如果时间充裕，可以将羊肉腌制一段时间，能够更好地去除膻味，让粥喝起来更加美味。

天气渐凉的时候，让这碗粥温暖你的身心吧。长时间的熬煮让羊肉软嫩可口，滋味充分在粥中展现，肉香粥浓，喝一口，好温暖。

多吃牛肉身体壮
牛肉蛋花粥

🕐 60分钟（不含浸泡和腌制时间） 🥄 简单

主料

牛里脊100克 | 大米50克 | 燕麦片50克

辅料

盐1/2茶匙 | 生抽2茶匙 | 料酒2茶匙
淀粉5克 | 白胡椒粉1克 | 鲜香菇2朵
山芹50克 | 鸡蛋1个

～～～ 营养贴士 ～～～

牛肉中的氨基酸和矿物质元素种类
多、含量丰富，并且比较容易被人
体消化和吸收，能够补充人体所需
要的能量，让身体更加强壮。

做法

1 大米洗干净，提前在清水中浸泡30分钟。

2 牛里脊洗净后控干水，切成小丁；鲜香菇洗净、去蒂，切成1厘米左右的丁；山芹洗净后择去叶子，切碎；将鸡蛋磕入碗中，用筷子充分搅散。

3 将牛肉丁放入容器中，加入料酒、淀粉、生抽抓匀，腌制30分钟左右。

4 砂锅中加入约1000毫升清水，大火烧开后放入泡好的大米和香菇丁。

5 再次煮开后转小火熬煮约30分钟，其间用饭勺不时搅动，防止煳锅。

6 放入燕麦片和牛肉丁搅匀，继续小火熬煮约15分钟。

7 将蛋液淋入粥中，轻轻搅匀。

8 放入盐、白胡椒粉调味，最后放入山芹丁即可关火。

 烹饪秘籍

除了将鸡蛋打散后放入粥中，也可以直接往粥中磕入一个完整的鸡蛋哦。

牛肉的营养丰富，能够为身体带来足够的能量，让身体健康强壮。丰富的食材更是让这款粥美味又健康。

金黄流油的滋味
咸蛋黄山药粥

🕐 40分钟（不含浸泡时间） 🥄 简单

主料

大米80克｜糙米50克｜山药100克
咸鸭蛋黄3个

辅料

鲜薄荷叶2朵

~~~ 营养贴士 ~~~

山药是药食两用的保健食材，含有丰富的营养物质，而且热量很低，能够增加肠道蠕动，对需要减肥的人群有一定的帮助。

做法

1 大米和糙米洗干净，提前在清水中浸泡30分钟。

2 山药洗净、去皮，切成2厘米左右的滚刀块；咸鸭蛋黄压碎备用。

3 砂锅中加入约1000毫升清水，大火烧开后放入山药和泡好大米、糙米。

4 再次烧开后转小火熬煮约30分钟，其间用饭勺不时搅动，防止煳锅。

5 放入咸鸭蛋黄，继续小火熬煮约5分钟，关火。

6 将粥盛出后在表面装饰鲜薄荷叶即可。

 烹饪秘籍

粥中也可以适量放一点咸鸭蛋的蛋白，因为咸鸭蛋的蛋白比较咸，所以放入的量不宜过多。

最喜欢看咸蛋黄蒸熟后金黄流油的样子了，简直让人口水直流。将咸蛋黄加入粥中，整碗粥就有了令人回味无穷的鲜美滋味了。

养眼又养身

田园蔬菜粥

⏱ 40分钟（不含浸泡时间）　🔥 简单

主料

大米100克 ｜ 胡萝卜30克 ｜ 油菜1棵
玉米粒40克

辅料

盐1/2茶匙 ｜ 干木耳5克

〜〜〜 营养贴士 〜〜〜

五颜六色的蔬菜各有特色，共同带来丰富的营养，让粥中的营养物质更加全面，让身体更健康。

做法

1 大米洗净，提前在清水中浸泡30分钟。

2 胡萝卜洗净、去皮，切成1厘米见方的丁；油菜去掉根部，将叶子掰下，清洗干净。

3 干木耳提前用温水泡发2小时左右，洗净并切成丝。

4 锅内备冷水，将水烧开后放入油菜，烫软后捞出，切碎。

5 砂锅中加入约1000毫升清水，大火烧开后放入大米、玉米粒和木耳。

6 继续煮开后转小火熬煮约30分钟，其间用饭勺不时搅动，防止煳锅。

7 放入胡萝卜丁、油菜碎，继续熬煮3分钟左右。

8 加入盐调味，搅匀即可关火。

 烹饪秘籍

粥中的食材可以根据自己的喜好进行搭配，尽量选择色彩鲜艳的食材，会让粥看起来更加养眼。

五颜六色的食材融进一锅粥中，听粥咕嘟咕嘟冒泡泡，看五彩食材在粥中翻滚，仿佛时间都因为这碗诱人的粥而慢下了脚步。

万绿丛中点点红

菠菜枸杞子粥

🕐 40分钟（不含浸泡时间） 🥄 简单

主料

菠菜100克 ｜ 枸杞子10克
大米100克

辅料

盐1/2茶匙

做法

1 大米洗净，提前在清水中浸泡30分钟。

2 菠菜去掉根部以后将叶子掰下，清洗干净；枸杞子洗净备用。

3 锅内备冷水，将水烧开后放入菠菜，烫软后捞出，切碎。

4 砂锅中加入约1000毫升清水，大火烧开后放入大米。

5 继续煮开后转小火熬煮约30分钟，其间用饭勺不时搅动，防止煳锅。

6 加入盐调味，放入枸杞子和菠菜碎，搅匀即可关火。

 烹饪秘籍

菠菜中含有草酸，提前烫一下能够去除其中大部分的草酸，从而改善菠菜的口感和保护身体健康。

碧绿的菠菜和红艳的枸杞子形成
强烈对比，在这碗粥里，红配绿可
是相当美的。除了养眼以外，这碗
粥的营养也很丰富，值得一试。

补肾健脑

黑芝麻核桃粥

🕐 45分钟（不含浸泡时间） 🔥 简单

主料

大米100克 | 核桃仁50克
黑芝麻15克

辅料

鲜薄荷叶2片

~~~ 营养贴士 ~~~

黑芝麻同时具有药用价值和食用价值，能够滋补肝肾和五脏，营养十分丰富，被人们认为是滋补圣品。

做法

1 大米洗净，提前在清水中浸泡30分钟。

2 核桃仁洗净，控干水备用。

3 砂锅中加入约1000毫升清水，大火烧开后放入黑芝麻和大米。

4 再次煮开后转小火熬煮约20分钟，其间用饭勺不时搅动，防止煳锅。

5 放入核桃仁，继续熬煮约20分钟。

6 将粥盛出后在表面装饰鲜薄荷叶即可。

 烹饪秘籍

核桃仁可以提前压碎一些，这样在粥中能够更加均匀地分布，味道更好一些。

黑芝麻营养丰富，能够滋补肾脏，核桃有着健脑益智的功效，二者搭配，成为一碗美味又营养的粥，很适合日常养生食用。

越喝越聪明

核桃花生粥

⏱ 40分钟（不含浸泡时间） 🥄 简单

主料

大米100克 | 核桃仁50克
花生仁30克

辅料

枸杞子5克

做法

1 大米洗净，提前在清
水中浸泡30分钟。

2 花生仁洗净，提前在
清水中浸泡3小时。

3 核桃仁洗净，控干水备
用；枸杞子洗净后备用。

4 砂锅中加入约1000毫
升清水，大火烧开后放入
核桃仁、花生仁和大米。

5 再次煮开后转小火熬
煮约30分钟，其间用饭
勺不时搅动，防止煳锅。

6 放入枸杞子后即可
关火。

 烹饪秘籍

新鲜的核桃和干核桃
有着不同的味道，可
以分别尝试用两种
核桃仁来熬粥哦。

核桃有着健脑益智的功效，营养很丰富，尤其适合生长发育期的青少年和用脑较多的白领们食用。

滋养女人身
红枣花生桂圆粥

🕐 50分钟（不含浸泡时间）　🥄 简单

主料

大米100克｜干桂圆30克｜红枣30克
花生仁30克

辅料

冰糖30克

~~~ 营养贴士 ~~~

红枣中的钙和铁等营养素含量比较
丰富，对女性的滋补效果比较明
显，能够补虚益气，补血养颜。

做法

1 大米洗净，提前在清
水中浸泡30分钟。

2 花生仁洗干净，提前
在清水中浸泡3小时。

3 干桂圆剥皮后洗净备
用；红枣洗净，在温水中
泡软后去核，切成两半。

4 砂锅中加入约1000毫
升清水，大火烧开后放
入泡好的花生仁和大米。

5 再次煮开后转小火熬
煮约40分钟至食材软
烂，其间用饭勺不时搅
动，防止煳锅。

6 放入红枣、干桂圆和
冰糖，继续熬煮5分钟左
右即可关火。

 烹饪秘籍

粥中还可以将冰糖替
换为红糖，再加点莲
子、红豆等食材，口
味会更加丰富，也会
更加营养。

这是一款色泽红润，口感软糯的粥，粥中的各种食材对女性来说是很滋补的。加一点冰糖进去，让粥甜甜的，更好喝。

天然的香甜味道
紫米红枣板栗粥

🕐 50分钟（不含浸泡时间） 🔥 简单

主料

紫米80克 | 大米40克 | 红枣40克
板栗100克

辅料

枸杞子5克

做法

1 紫米洗净，提前在清水中浸泡1小时；大米洗净，提前在清水中浸泡30分钟。

2 板栗去壳后洗净，切成两半；枸杞子洗净备用；红枣去核，切成两半。

3 砂锅中加入约1000毫升清水，大火烧开后放入泡好的紫米、大米和板栗。

4 再次煮开后转小火熬煮约40分钟至食材软烂，其间用饭勺不时搅动，防止煳锅。

5 放入红枣，小火熬煮约3分钟。

6 放入枸杞子后即可关火。

 烹饪秘籍

将板栗切小一些能够煮得更加绵软，在粥里能够更加均匀地分布，让每一口都喝到板栗的甜甜味道。

深紫色的粥看起来给人一种安静温暖的感觉，板栗和红枣给粥带来了天然的甜味，不知不觉中，就会多喝一碗。

紫米黑豆粥

🕐 50分钟（不含浸泡时间）　🔥 简单

主料

紫米100克 ｜ 黑豆40克 ｜ 大米40克

辅料

薄荷叶2片

～～～ 营养贴士 ～～～

紫米中的蛋白质和微量元素含量丰富，对人体的滋补作用比较强，加上黑豆，更是有着滋阴补肾的功效。

做法

1 黑豆洗净，提前在清水中浸泡6~10小时。

2 紫米洗净，提前在清水中浸泡1小时。

3 大米洗净，提前在清水中浸泡30分钟。

4 砂锅中加入约1000毫升清水，大火烧开后放入泡好的紫米、大米和黑豆。

5 再次煮开后转小火熬煮约40分钟至食材软烂，其间用饭勺不时搅动，防止煳锅。

6 将粥盛出后在表面装饰薄荷叶即可。

烹饪秘籍

粥中可以根据自己的喜好加一点糖，或者加入枸杞子、百合、核桃仁等其他食材，既营养又滋补。

黑色食物中含有天然的花青素、胡萝卜素等营养成分，对身体有一定的保健作用，让你充满活力。

金灿灿，很温暖
南瓜糙米粥

🕐 40分钟（不含浸泡时间） 🔥 简单

主料

南瓜150克 | 糙米100克

辅料

红枣30克

做法

1 糙米洗净，提前在清水中浸泡30分钟。

2 南瓜洗净后去皮、瓤，切成2厘米左右的滚刀块。

3 红枣洗净，在温水中泡软后去核，切成两半。

4 砂锅中加入约1000毫升清水，大火烧开后放入糙米和南瓜块。

5 再次烧开后转小火熬煮约30分钟，其间用饭勺不时搅动，防止煳锅。

6 放入红枣，继续熬煮约2分钟即可关火。

 烹饪秘籍

可以将南瓜提前蒸好压成泥，在最后放入粥中搅拌均匀，这样粥会更加浓稠一些。

金灿灿的南瓜看起来就很温暖，和红枣一起，让这款粥拥有了绵软的口感和淡淡的甜味，细细品味，感觉甜味渐浓，暖上心头。

口感顺滑奶香浓

牛奶燕麦甜粥

🕐 45分钟（不含浸泡时间） 🥄 简单

主料

燕麦片100克｜大米50克
牛奶200毫升

辅料

冰糖30克｜枸杞子5克

～～ 营养贴士 ～～

牛奶是蛋白质和多种矿物质的来源之一，可以为人体提供丰富的营养物质，适合多个年龄层人群饮用。

做法

1 大米洗净，提前在清水中浸泡30分钟。

2 砂锅中加入约800毫升清水，大火烧开。

3 放入大米，再次烧开后转小火熬煮20分钟。

4 放入燕麦片和牛奶继续熬煮15分钟，其间用饭勺不时搅动，防止煳锅。

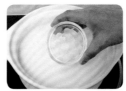

5 放入冰糖，继续熬煮5分钟左右至冰糖溶化。

6 放入枸杞子后即可关火。

 烹饪秘籍

如果选择快煮燕麦片可以缩短熬粥时间，如果选择即食燕麦片，要在最后几分钟加入燕麦片，熬煮一会儿即可。

燕麦煮熟后有着顺滑的口感，牛奶的加入又增添了浓浓的奶香，喝起来更加美味了。

感觉无比温暖

小米阿胶红糖粥

⏱ 50分钟（不含浸泡时间） 🔥 简单

主料

小米100克 | 阿胶30克 | 红糖30克

辅料

枸杞子5克

~~~ 营养贴士 ~~~

阿胶自古以来就被誉为"补血圣药"，含有丰富的胶原蛋白和微量元素，能够为人体补充营养，让气血更充足。

做法

1 小米洗净，提前在清水中浸泡20分钟。

2 阿胶捣碎后放入碗中备用。

3 砂锅中加入约1000毫升清水，大火烧开后放入泡好的小米。

4 再次煮开后转小火熬煮约20分钟，其间用饭勺不时搅动，防止煳锅。

5 放入阿胶和红糖，继续熬煮20分钟左右至阿胶在粥中化开。

6 放入枸杞子即可关火。

 烹饪秘籍

阿胶提前捣碎后，放在蒸锅中蒸化，然后再倒入粥中进行熬煮，可以缩短熬粥时间。

每个女性都值得被用心呵护，在每个月的特殊日子里，不妨喝此粥吧，暖暖的粥能够滋养身体，补血养血。

简单清爽

绿豆海带小米粥

🕐 40分钟（不含浸泡时间）　🔥 简单

主料

小米80克｜绿豆50克｜海带60克

做法

1 绿豆洗净，提前在清水中浸泡30分钟。

2 小米洗净，提前在清水中浸泡30分钟。

3 海带洗净后控干水，切成2厘米见方的片。

4 砂锅中加入约1000毫升清水，大火烧开后放入泡好的小米和绿豆。

5 再次烧开后转小火熬煮约20分钟，其间用饭勺不时搅动，防止煳锅。

6 放入海带，继续熬煮15分钟左右关火即可。

 烹饪秘籍

这款粥中可以根据自己的喜好适量加一点大米，味道也是很不错的。

这是一款特别简单的粥，有着清淡的味道。
在吃过油腻或者不容易消化的食物之后，喝上一
碗粥，养养胃吧。

养眼又养颜
玫瑰花粥

🕐 55分钟（不含浸泡时间） 🔥 简单

主料

干玫瑰花10克 | 小米60克
大米50克 | 红枣30克

～～～ 营养贴士 ～～～

玫瑰花对人体有温养作用，能够使
人感觉到心神宁静。玫瑰花中含有
多种维生素和游离氨基酸，不仅营
养，还有美容养颜的功效。

做法

1 小米洗净，提前在清水中浸泡20分钟。

2 大米洗净，提前在清水中浸泡30分钟。

3 红枣洗净，在温水中泡软后去核，切碎。

4 砂锅中加入约1000毫升清水，大火烧开后放入泡好的小米和大米。

5 再次烧开后转小火熬煮约40分钟，其间用饭勺不时搅动，防止煳锅。

6 放入红枣碎，继续熬煮3分钟左右。

7 放入干玫瑰花，继续熬煮2分钟左右，关火。

8 将粥盛出后，在表面撒一点干玫瑰花瓣装饰即可。

 烹饪秘籍

玫瑰花瓣可以掰开，这样可以更好地在粥中散发出清香的味道。

漂亮的玫瑰在绽放的时候，会吸引人多看几眼。晒干之后，玫瑰依然保持着鲜艳的色彩，而且会在粥中绽放，依然娇艳诱人。

菊花的清香给粥带来了好闻的味道，而且大朵大朵的菊花绽放在粥里面，感觉很是美丽呢。

绿豆菊花粥

⏱ 50分钟（不含浸泡时间）　🥄 简单

主料

干菊花8朵 | 大米50克 | 糯米50克
绿豆50克

辅料

薄荷叶2片

〰〰 营养贴士 〰〰

菊花含有种类丰富的氨基酸，能够清热去火，搭配清热解毒的绿豆，能够缓解因为上火而引起的不适症状。

做法

1 糯米洗净，提前在清水中浸泡3小时。

2 大米和绿豆洗净，提前在清水中浸泡30分钟。

3 砂锅中加入约1000毫升清水，大火烧开后放入泡好的大米、糯米和绿豆。

4 再次烧开后转小火熬煮约40分钟，其间用饭勺不时搅动，防止煳锅。

5 放入干菊花，继续熬煮5分钟左右。

6 将粥盛出后在表面装饰薄荷叶即可。

 烹饪秘籍

这款粥中可以加入一些蜂蜜或者冰糖来调味，甜粥的味道更好喝。

CHAPTER 3

糖水的
甜美

甜蜜总会让人嘴角上扬。每每喝到甜甜
的糖水，总是会从心底感到幸福和快乐，
这就是甜蜜的力量吧。哼一首快乐的歌
曲，忙碌着熬一碗糖水，食物也会感受
到你的好心情。一起来享受快乐吧！

绿豆有清热解暑的功效，炎炎夏日，煮一碗绿豆百合汤，加一点冰糖，然后放在冰箱里冷藏一下，比店里买的甜品可要棒多了。

绿豆百合汤

⏱ 40分钟　🥄 简单

主料

鲜百合50克 ｜ 绿豆100克

辅料

冰糖50克

~~~ 营养贴士 ~~~

绿豆含有丰富的蛋白质和维生素，有清热解暑的功效。百合有清热利尿的功效，二者搭配，比较适合夏季饮用。

做法

1 鲜百合去头、去蒂后，掰成片，清洗干净；绿豆洗干净，提前在清水中浸泡30分钟。

2 砂锅中加入约1000毫升清水，大火烧开后放入泡好的绿豆和百合。

3 再次煮开后撇去表面浮沫。

4 转小火熬煮约30分钟至绿豆绵软，放入冰糖，熬煮5分钟左右至冰糖溶化即可关火。

 烹饪秘籍

这款汤也可以用高压锅煮，这样煮出来的绿豆更加绵软，冷藏之后细腻的口感会像冰沙一样好吃。

一口润心田
南瓜百合汤

🕐 30分钟　🔥 简单

主料

鲜百合50克 | 南瓜150克

辅料

冰糖50克 | 红枣20克 | 枸杞子5克

🥕 一勺带有甜味的汤，一勺煮得软糯的南瓜，一碗汤能够同时吃着、喝着，既有营养，又有饱腹感哦。

~~~ 营养贴士 ~~~

百合有润肺清凉的功效，并且含有丰富的蛋白质、维生素等营养成分，能够滋补身体，让你更有活力。

做法

1 鲜百合去头、去蒂后，掰成片，清洗干净。

2 南瓜洗净后去皮、瓤，切成2厘米左右的滚刀块；红枣洗净，在温水中泡软后去核，切成两半；枸杞子洗净后备用。

3 砂锅中加入约1000毫升清水，大火烧开后放入南瓜和百合。

4 再次烧开后转小火熬煮约20分钟。

5 放入冰糖、红枣，熬煮5分钟左右至冰糖溶化。

6 出锅前加入枸杞子即可关火。

 烹饪秘籍

除了新鲜的百合，也可以使用干百合，但是要提前浸泡以缩短熬煮时间。

熬煮出胶的银耳有着鲜亮的色泽，看起来让人很有食欲。虽然还没有开始喝，但是仿佛已经感受到了软糯甜蜜的味道了。

软糯的甜蜜
银耳红枣百合汤

🕐 40分钟　🍶 简单

主料
银耳半朵｜红枣30克｜鲜百合50克

辅料
冰糖30克｜枸杞子5克

~~~ 营养贴士 ~~~

银耳营养丰富，有补脾开胃、滋阴润肺的功效，能够增强人体免疫力，是比较优质的滋补食材之一。

做法

1 银耳洗净后，在冷水中浸泡3小时左右，撕成小朵并再次清洗干净。

2 鲜百合去头、去蒂后，掰成片，清洗干净；红枣洗干净，在温水中泡软后去核，切成两半；枸杞子洗净备用。

3 砂锅中加入约1000毫升清水，大火烧开后放入泡好的银耳和百合。

4 再次煮开后转小火，熬煮约30分钟至银耳出胶。

5 放入冰糖和红枣，继续熬煮5分钟左右。

6 出锅前放入枸杞子即可关火。

 烹饪秘籍

优质的银耳能够让汤更美味，要挑选花朵整齐、没有杂质和斑点、自然白色的银耳。

让皮肤更细腻
桂花莲子银耳汤

🕐 40分钟　🔥 简单

主料

银耳半朵｜红枣30克｜莲子50克

辅料

冰糖30克｜干桂花2克

营养贴士

银耳中的维生素和氨基酸种类多且
含量丰富，还含有天然植物性胶
质，对身体的滋养作用比较明显，
具有美容养颜的功效。

桂花的香甜气息伴随着汤的丝丝热气弥漫
开来，软滑的银耳滑入喉咙，带着桂花的香
气，带给肌肤甜蜜的滋润。

做法

1 银耳洗净后，在冷水
中浸泡3小时左右，撕成
小朵并再次清洗干净。

2 红枣洗干净，在温水中
泡软后去核，切成小丁。

3 莲子洗净，提前在清
水中浸泡3小时。

4 砂锅中加入约1000毫
升清水，大火烧开后放
入泡好的莲子和银耳。

5 再次煮开后转小火熬
煮约30分钟至银耳出胶。

6 放入红枣、冰糖和干
桂花，继续熬煮5分钟左
右即可关火。

🍲 烹饪秘籍

如果购买的是新鲜银耳，熬煮的时间要缩短一
些，以免银耳煮得过于软烂。

115

雪梨清甜的味道似乎浸透到了银耳中，银耳也变得有点微甜，而且雪梨脆爽的口感和银耳的软糯形成了鲜明对比，带给你小小的惊喜。

软软又脆脆

银耳雪梨汤

🕐 40分钟　🔥 简单

主料
干银耳15克｜雪梨150克

辅料
冰糖30克｜枸杞子5克

〰〰 营养贴士 〰〰

雪梨有生津润燥、清热化痰的功效，能够滋润身体，尤其是在秋天适当食用，有比较好的润肺清燥作用。

做法

1 银耳洗净后，在冷水中浸泡3小时左右，撕成小朵并再次清洗干净。

2 雪梨洗净后去皮、去核，切成2厘米左右见方的小块。

3 枸杞子洗净备用。

4 砂锅中加入约1000毫升清水，大火烧开后放入泡好的银耳。

5 再次煮开后转小火熬煮约15钟，加入雪梨和冰糖，继续熬煮15分钟左右。

6 最后加入枸杞子即可关火。

🍲 烹饪秘籍

这款汤比较滋润，夏天可以冷藏一下再饮用，比买来的饮品要健康得多哦。

甜甜似情歌

冰糖枇杷雪梨汤

⏱ 35分钟　🔥 简单

主料

枇杷150克｜雪梨150克

辅料

冰糖30克｜鲜薄荷叶2朵

🌿 因为叶子长得像乐器琵琶，所以枇杷有了这个好听的名字。和雪梨同煮，甜甜的味道在汤中释放，好像一首甜蜜蜜的情歌呢。

〰〰 营养贴士 〰〰

枇杷的营养丰富，含有多种果糖、矿物质和维生素，能够为人体补充营养物质，并且还具有润肺、止咳的功效。

🍲 烹饪秘籍

要挑选成熟的枇杷果实，这样味道会比较甜一些，煮出来的汤也会比较好喝。

做法

1 枇杷和雪梨洗净后去皮、去核，切成2厘米左右见方的小块。

2 养生壶中放入枇杷、雪梨和冰糖。

3 加入约1000毫升清水，选择花茶模式。

4 煮好后将汤盛出，表面装饰鲜薄荷叶即可。

曾经一直很好奇胡萝卜到底是属于水果还是属于蔬菜。现在，我决定不去想这个问题了，就专心喝掉眼前这碗汤吧。

满满的维生素
苹果胡萝卜汤

🕐 25分钟　　🔥 简单

主料
苹果1个 ｜ 胡萝卜100克

辅料
冰糖30克 ｜ 枸杞子5克

〜〜〜 **营养贴士** 〜〜〜

胡萝卜含有丰富的胡萝卜素，对于预防夜盲症很有帮助。此外，它还含有丰富的膳食纤维，能够促进肠胃蠕动，帮助身体加快废物排出。

做法

1 苹果洗净后去皮、去核，切成2厘米左右见方的小块；胡萝卜洗净后去皮，切成2厘米左右见方的小块；枸杞子洗净备用。

2 砂锅中加入约1000毫升清水，大火烧开后放入苹果和胡萝卜。

3 再次煮开后转小火熬煮约15钟。

4 加入冰糖，继续熬煮5分钟左右，出锅前放入枸杞子即可关火。

 烹饪秘籍

胡萝卜的甜味不是很重，可以适量增加冰糖的用量来调整甜味；苹果和胡萝卜的量也可以根据自己的喜好进行增减。

传统的味道
酸梅汤

🕐 50分钟　🔥 简单

主料

乌梅10颗｜山楂干20克｜陈皮10克
甘草10克

辅料

冰糖40克｜桂花2克

🌱 你喜欢喝可乐，我却独爱这传统的味道。浓郁的汤汁带着酸甜的味道进入口腔，带来冰爽的满足感，这才是属于夏天的记忆。

~~~ 营养贴士 ~~~

酸梅汤中含有丰富的有机酸，能够生津止渴，帮助脾胃消化。同时还具有比较好的提神作用，能够缓解疲劳。

做法

1 乌梅、山楂干、陈皮、甘草洗净后控干水备用。

2 砂锅中加入约1000毫升清水，大火烧开后放入乌梅、山楂干、陈皮、甘草。

3 再次煮开后转小火熬煮约30分钟。

4 加入冰糖，继续熬煮10分钟左右关火。

5 将干桂花放入闷几分钟。

6 将食材过滤出来，汤汁放凉，冰镇后即可饮用。

 烹饪秘籍

各种食材可以根据自己的喜好调整用量，要注意甘草的量不要过多，否则会发苦。

菊花带着清香的味道绽放，红枣和枸杞子点缀上了好看的红色。品一口香气四溢的花茶，读这午后时光多么静谧美好。

枸杞菊花茶

🕐 25分钟　🔥 简单

主料

干菊花8朵｜红枣30克｜枸杞子10克

辅料

冰糖20克

~~~ **营养贴士** ~~~

枸杞子对预防肝脏脂肪围积有一定的功效，也能够促进血液循环及体内新陈代谢，并且具有一定的美白作用。

做法

1 红枣洗净，在温水中泡软后去核，切成两半；枸杞子洗净后备用。

2 养生壶中放入红枣和冰糖。

3 加入约1000毫升清水，选择花茶模式。

4 还有5分钟左右程序结束的时候，放入干菊花、枸杞子即可。

 烹饪秘籍

去核后的红枣会煮得比较软一些，能够更好地释放甜味，也可以买金丝小枣，整颗放入花茶中熬煮。

微酸很开胃

山楂红枣莲子汤

⏱ 35分钟　🔥 简单

主料

山楂干20克 | 红枣50克 | 莲子50克

辅料

冰糖20克

山楂的加入给汤带来了一丝酸酸的味道，细细品味一下，这略微带着酸的甜汤，滋味是如此美好。

~~~ **营养贴士** ~~~

山楂含有丰富的维生素和钙，其酸酸的味道能够刺激唾液分泌，具有健胃消食的功效，并且在降低血糖和血脂方面也有一定的积极作用。

1 山楂干洗干净，提前在清水中浸泡5分钟。

2 红枣洗净，在温水中泡软后去核，切成两半。

3 莲子洗干净，提前在清水中浸泡3小时。

4 砂锅中加入约1000毫升清水，大火烧开后放入莲子。

5 再次烧开后转小火熬煮约20分钟。

6 放入红枣、山楂干和冰糖，继续熬煮10分钟左右即可关火。

🍲 **烹饪秘籍**

冰糖的加入能够中和山楂的酸味，可以根据自己的喜好对山楂干和冰糖的用量进行增减，调整出自己喜欢的味道。

玫瑰花总会给女性带来惊喜，绽放的时候娇艳无比，煮成花茶后能够滋养身体，让你散发出自己的魅力。

美丽喝出来

黑糖红枣玫瑰茶

🕐 20分钟　🥄 简单

主料

干玫瑰花10克｜红枣40克｜黑糖30克

〰〰 **营养贴士** 〰〰

黑糖中含有丰富的矿物质，能够促进细胞新陈代谢，还能调节色素代谢，对减少局部色素沉着有一定的功效。

做法

1 红枣洗干净，在温水中泡软后去核，切成两半。

2 养生壶中放入红枣和黑糖。

3 加入约1000毫升清水，选择花茶模式。

4 还有5分钟左右程序结束的时候，放入干玫瑰花即可。

 烹饪秘籍

黑糖的加入会让这款花茶的颜色比较深，如果想喝清透一点的花茶，可以将黑糖替换成冰糖。

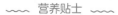

脆脆甜甜

荸荠红枣红豆汤

🕐 45分钟　　🌢 简单

主料

荸荠300克｜红枣40克｜红豆50克

辅料

冰糖40克

口感脆爽、清甜多汁的荸荠，似乎特别适合做糖水，尤其是略微冷藏一下，糖水会变得像罐头一样美味呢。

～～～ 营养贴士 ～～～

荸荠有"地下雪梨"的美誉，能够促进体内的新陈代谢，调节酸碱平衡，并且具有一定的抗菌功效，能够增强体质。

做法

1 荸荠去皮后清洗干净，切成四块；红枣洗干净，在温水中泡软后去核，切成两半。

2 红豆洗净，提前在清水中浸泡6~10小时。

3 锅中备水，大火煮开，将荸荠放入焯一下，捞出。

4 砂锅中加入约1000毫升清水，大火烧开后放入荸荠和红豆。

5 再次煮开后转小火熬煮约30分钟。

6 放入红枣和冰糖，继续熬煮5分钟左右即可关火。

 烹饪秘籍

荸荠在泥中生长，外皮和内部可能会附着部分细菌、寄生虫等，提前焯一下更加卫生。

123

颗颗小豆子在汤中与花生追逐嬉戏，把含有的营养物质充分释放，带着软糯的口感，带着谷物的香甜，带给你温暖的滋润。

怎么都爱不够
红豆花生红枣汤

⏱ 40分钟　🔥 简单

主料

红豆50克｜花生仁50克｜红枣40克

辅料

红糖30克

~~~ 营养贴士 ~~~

红豆含有丰富的钾元素和铁元素，对心血管有一定的保护作用。

做法

1 红豆洗净，提前在清水中浸泡6~10小时。

2 花生仁洗净，提前在清水中浸泡3小时。

3 红枣洗干净，在温水中泡软后去核，切成两半。

4 砂锅中加入约1000毫升清水，大火烧开后放入泡好的红豆和花生仁。

5 再次煮开后转小火熬煮约30分钟。

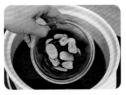

6 放入红枣和红糖，继续熬煮5分钟左右即可关火。

 烹饪秘籍

红豆比较不容易煮烂，想要口感更加绵软一些，可以延长熬煮时间，也可以用高压锅进行熬煮。

带给你思念
红豆桂圆薏米汤

🕐 45分钟　🍲 简单

主料

红豆50克 ｜ 干桂圆10颗 ｜ 薏米60克

辅料

冰糖40克

🌱 看红豆在汤中跳跃，你有没有想起思念的人？精心熬煮一碗汤，告诉远方的人儿：我很好，很想念你。

〰〰 营养贴士 〰〰

桂圆能够比较温和地滋补脾胃，并且具有养血安神的功效，能够增添活力，让身体更加强壮。

做法

1 红豆洗净，提前在清水中浸泡6~10小时。

2 干桂圆剥皮后洗净备用。

3 薏米洗净，提前在清水中浸泡4小时。

4 砂锅中加入约1000毫升清水，大火烧开后放入泡好的红豆和薏米。

5 再次煮开后转小火熬煮约30分钟至食材软烂。

6 放入干桂圆和冰糖继续熬煮10分钟左右即可关火。

 烹饪秘籍

在新鲜桂圆上市的季节，也可以购买新鲜的桂圆煮汤，新鲜桂圆肉会更加水润可口。

甜甜的蜜红豆和板栗都有软糯的口感，被浓郁的牛奶包裹着，送入到嘴巴中，瞬间就被这美好的味道所吸引，一口一口，喝到停不下来。

奶香浓郁甜蜜蜜

蜜豆牛奶板栗汤

🕐 25分钟　🔥 简单

主料

蜜红豆100克｜牛奶500毫升
板栗100克

辅料

鲜薄荷叶2朵

～～ 营养贴士 ～～

板栗有"肾之果"之称，它含有丰富的糖和淀粉，口感软糯，具有补肾健脾的功效，对身体健康比较有益。

做法

1 板栗去壳、去皮，清洗干净后切成小块。

2 砂锅中加入约1000毫升清水，大火烧开后放入板栗块。

3 再次煮开后转小火熬煮约15分钟至板栗软烂。

4 加入牛奶再次煮开。

5 放入蜜红豆搅拌均匀即可关火。

6 盛出后在表面装饰薄荷叶即可。

 烹饪秘籍

蜜红豆本身带有甜味，如果喜欢喝甜一些的，可以加入适量蜂蜜或者冰糖来调节口味。

活力十足
红薯山药汤

🕐 30分钟　🔥 简单

主料
红薯100克 | 铁棍山药100克

辅料
花生仁40克 | 红枣30克

🌱 熬煮之后软绵绵的红薯和山药是一对好搭档，让这款汤营养又健康，再加上带着点点脆爽的花生，口感就更加丰富了。

〜〜〜 **营养贴士** 〜〜〜

红薯中的矿物质和膳食纤维含量比较丰富，能够为身体补充所需要的营养成分，增添活力。

做法

1 红薯和铁棍山药洗净、去皮，切成2厘米左右的滚刀块。

2 花生仁洗干净，提前在清水中浸泡3小时。

3 红枣洗净后用温水泡软，去掉枣核，切成两半。

4 砂锅中加入约900毫升清水，大火烧开后放入红薯、山药和花生仁。

5 再次烧开后转小火熬煮20分钟左右。

6 放入红枣，继续熬煮3分钟左右即可关火。

 🍲 **烹饪秘籍**

除了铁棍山药，还可以选择普通的山药。有的山药口感比较脆，有的山药比较软糯，可以根据的自己的喜好进行挑选。

🌿 深吸一口气，被甜蜜的桂花香气所陶醉，品一口汤，紫薯和桂圆的微甜弥散在汤中，让你感叹：一切是如此美妙。

香气四溢的紫色诱惑
紫薯桂圆汤

🕐 25分钟　　🍲 简单

主料
紫薯100克｜干桂圆10颗

辅料
桂花酱20克

〰〰 营养贴士 〰〰

紫薯含有丰富的膳食纤维，能够促进肠胃蠕动，加快人体新陈代谢，帮助身体排出毒素。

做法

1 紫薯洗净、去皮，切成3厘米左右的滚刀块；干桂圆剥皮后洗净备用。

2 砂锅中加入约800毫升清水，大火烧开后放入紫薯和干桂圆。

3 再次烧开后转小火熬煮20分钟左右，关火。

4 盛出后在汤中淋上桂花酱，搅匀即可。

 烹饪秘籍

紫薯块不要切得太大，否则不易煮熟而且影响口感。

再也不去甜品店
芒果椰香西米露

🕐 30分钟　🔥 简单

🎵 路过甜品店的时候，总是忍不住被里面的饮品吸引。不妨自己动手做一杯，给自己的生活来点仪式感：品一杯甜品，享一份静谧，看一本好书。

主料

芒果300克 | 西米80克 | 椰汁300毫升

辅料

鲜薄荷叶2朵

～～ **营养贴士** ～～

芒果含有丰富的维生素，能够滋润肌肤，让皮肤看上去更加有光泽。同时芒果富含膳食纤维，有润肠通便的功效。

做法

芒果去皮、去核，切成1厘米左右的小块。

2 锅中加入约800毫升清水，大火烧开后放入西米。

3 再次烧开后转小火熬煮10分钟左右，看到西米透明、但中心还有一点白心时即可关火，盖上锅盖，闷5分钟左右。

4 将煮好的西米放入凉开水中浸泡至凉。

将一半芒果放入料理机中，加入椰汁，搅打成芒果奶昔。

6 将芒果奶昔倒入小碗中，加入芒果块和西米搅拌均匀，最后放上薄荷叶作为装饰即可。

 烹饪秘籍

西米不易煮熟，因此煮西米时要适量多放一些水，并且要经常搅拌，防止粘锅。

紫薯牛奶西米露

令人迷醉的颜色

🕐 30分钟　🔥 简单

主料

紫薯100克 ｜ 西米80克 ｜ 牛奶300毫升

辅料

冰糖20克 ｜ 鲜薄荷叶2朵

做法

1 紫薯洗净、去皮，切成3厘米左右的滚刀块，放入锅中蒸熟。

2 锅中加入约800毫升清水，大火烧开后放入西米。

3 再次烧开后转小火熬煮10分钟左右，看到西米透明、但中心还有一点白心时即可关火，盖上锅盖，闷5分钟左右。

4 将煮好的西米放入凉开水中浸泡至凉。

5 牛奶倒入小锅中，加入冰糖，小火煮开并搅拌至冰糖溶化。

6 将一半紫薯放入料理杯中，加入牛奶，搅打成紫薯奶昔。

7 将紫薯奶昔倒入小碗中，加入紫薯块和西米搅拌均匀。

8 最后放上薄荷叶作为装饰即可。

 烹饪秘籍

紫薯本身带有一定的甜味，跟牛奶打成奶昔后很好喝。如果不想要太甜的，可以不用加冰糖。

颗颗透明又圆滚滚的小西米在牛奶中时隐时现，仿佛在玩捉迷藏。漂亮的紫薯带来一抹梦幻的颜色，真想沉浸在这令人迷醉的颜色里。

入口香醇
椰汁花生杏仁露

🕐 30分钟　🔥 简单

主料

甜杏仁30克 ｜ 花生仁30克
椰汁300毫升 ｜ 牛奶100毫升

辅料

细砂糖20克 ｜ 鲜薄荷叶2朵

～～～ 营养贴士 ～～～

甜杏仁中含有丰富的蛋白质、维生素、矿物质等营养成分，其中含有的脂肪油还有降低胆固醇的作用，对人体有比较好的保健作用。

做法

1 甜杏仁去皮后洗净，控干水备用。

2 花生仁洗净后控干水备用。

3 椰汁和牛奶倒入豆浆机中，再加入200毫升清水。

4 放入甜杏仁和花生仁，选择果仁露模式。

5 程序结束后将椰汁花生杏仁露倒出，放入细砂糖搅拌均匀。

6 最后放上薄荷叶作为装饰即可。

 烹饪秘籍

如果没有豆浆机，也可以将杏仁和花生仁浸泡数小时后放入牛奶椰汁中，用料理机或者果汁机打匀后再加热饮用。

一份洁白细腻的饮品，选择透明的杯子来盛放，给人一种温润如玉的感觉。轻啜一口，香味在口中散开，回味悠长，令人陶醉。

香甜的椰汁，将身处其中的木瓜全方位包裹，令每一口木瓜都带上了椰香，让味蕾得到充分的满足。

椰香加奶香
椰香木瓜汤

🕐 50分钟　🔥 简单

主料

木瓜250克 ｜ 椰汁500毫升
牛奶500毫升

辅料

冰糖30克

〜〜〜 **营养贴士** 〜〜〜

木瓜有"万寿瓜"之称，它含有多种维生素和膳食纤维，营养十分丰富，而且其营养成分易于被人体吸收。

做法

1 木瓜洗净后去皮、去子，切成2厘米左右见方的小块。

2 砂锅中加入椰汁和牛奶，大火烧开后放入木瓜块。

 烹饪秘籍

椰汁的量和牛奶的量可以适量增加或者减少一些，调整出自己喜欢的味道。

3 再次烧开后转小火熬煮约20分钟。

4 加入冰糖，继续熬煮5分钟左右即可关火。

百喝不厌
百香果薄荷茶

🕐 20分钟　　🔥 简单

主料

百香果3个｜薄荷叶10克

辅料

蜂蜜30克

🌿 百香果不仅有好听的名字，还有着迷人的味道。酸酸甜甜的果肉，直接吃就秒杀众多饮品了，再加上一点薄荷的清凉口感，真是夏天里百喝不厌的果汁呢。

~~~ 营养贴士 ~~~

百香果被称为水果中的维生素C之王，其口感酸甜可口，能够排毒养颜、增强免疫力、改善人体肠道环境、预防疾病。

　烹饪秘籍

夏天，可以提前冻一些冰块放入果茶中，或者将果茶放入冰箱中冷藏，这样更好喝哦。

做法

1 百香果对半切开，将果肉挖出来放在小碗中。

2 薄荷叶洗净后控干水备用。

3 养生壶中加入约800毫升清水，放入薄荷叶，选择花茶模式。

4 将煮开的薄荷水凉至温热，放入百香果肉和蜂蜜，搅拌均匀即可饮用。

蜂蜜柠檬薄荷茶

🕐 30分钟　🔥 简单

主料
柠檬半个 | 薄荷叶10克 | 蜂蜜30克

辅料
盐少许

🌱 薄荷的清新口感与柠檬的清香微酸在茶饮中同时撞击味蕾，带来专属的清凉畅快的感觉，让夏天变得让人如此期待。

~~~ 营养贴士 ~~~

薄荷中含有的薄荷醇具有清新口气的作用。此外，薄荷还有健胃和助消化的功效。

做法

1 柠檬用盐搓洗一下，清洗干净后擦干水，切成薄片。

2 薄荷叶洗净后控干水备用。

 烹饪秘籍

柠檬中含有的维生素C在高温下会受到破坏，所以薄荷水要晾凉后再泡柠檬片。

3 养生壶中加入约800毫升清水，放入薄荷叶，选择花茶模式。

4 将煮开的薄荷水凉至温热，放入柠檬片和蜂蜜，搅拌均匀即可饮用。

爱上粉嫩清甜

水蜜桃柠檬茶

🕐 30分钟　🥄 简单

甜甜多汁的水蜜桃与柠檬能碰撞出怎样的味道呢？如果再加上红茶，又会是怎样的味道呢？不试一试，你一定不会知道。

主料

水蜜桃1个 | 黄柠檬半个 | 红茶包1袋

辅料

冰糖30克

~~~ **营养贴士** ~~~

柠檬具有生津解暑的功效，含有丰富的维生素C，对皮肤具有一定的美白作用，还具有抗菌消炎、增强免疫力等多种功效。

 烹饪秘籍

如果不喜欢放入柠檬片，也可以将柠檬汁挤出来，加入茶饮中搅拌均匀。

做法

1 水蜜桃清洗干净，去皮、去核，切成1厘米左右的丁；柠檬切成薄片。

2 养生壶中放入水蜜桃和冰糖，加入约800毫升清水，选择花茶模式。

3 还有5分钟左右程序结束的时候，放入红茶包煮出茶色。

4 将煮开的水蜜桃红茶水凉至温热，放入柠檬片，搅拌均匀即可饮用。

金灿灿的凤梨汤清澈透亮，还有着微酸又微甜的味道。热饮有点微酸，冰饮有点微甜，带给你更多的选择。

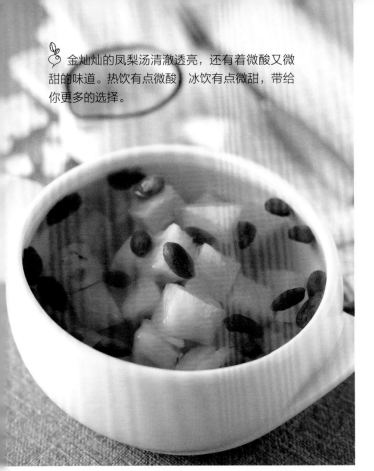

微酸又微甜

冰糖凤梨汤

🕐 30分钟　🔥 简单

主料

凤梨200克｜冰糖30克

辅料

枸杞子5克

〰〰 **营养贴士** 〰〰

凤梨营养丰富，具有清热解暑、生津止渴的功效，还含有丰富的膳食纤维，可以促进肠胃蠕动，帮助消化。

做法

烹饪秘籍

凤梨与菠萝长相相似，但口感有所不同，这款汤也可以选择用菠萝熬煮哦。

1 凤梨去皮，清洗干净，切成1厘米左右的丁。

2 枸杞子洗净后备用。

3 养生壶中放入凤梨和冰糖，加入约800毫升清水，选择花茶模式。

4 还有5分钟左右程序结束的时候，放入枸杞子即可。

CHAPTER 4

汤菜的诱惑

浓浓的汤汁包裹着各色食材，每一口都有着浓郁的味道，这就是汤菜带来的诱惑。每每吃到美味的汤菜，总是会忍不住多吃一点，再多吃一点，让自己的味蕾和胃得到充分的满足，这就是美食的力量吧。

白嫩的小胖子

菠菜牡蛎汤

🕙 10分钟　🔥 简单

主料

菠菜100克 | 牡蛎500克 | 鸡蛋1个

辅料

盐1/2茶匙 | 白胡椒粉1克
鲜香菇2朵 | 油少许

~~~ 营养贴士 ~~~

牡蛎能够帮助排除堆积在肝脏中的中性脂肪，提高肝脏的解毒作用，并且会促进血液循环，提高人体免疫力。

做法

1 牡蛎在清水中清洗干净，撬开后将牡蛎肉取出，再次清洗干净。

2 将菠菜的根部去掉，掰下叶子，用清水反复清洗干净；鲜香菇洗净后去蒂，切成丁；将鸡蛋磕入碗中，用筷子充分打散。

3 锅中加入清水和少许的油、盐，煮至沸腾后将菠菜和香菇丁放入，焯熟后过凉开水，捞出，控干水。

4 另起一锅，加入约800毫升清水，大火烧开后放入牡蛎，转小火熬煮约2分钟。

5 加入菠菜和香菇，放入盐和白胡椒粉调味。

6 将蛋液淋入汤中，搅拌均匀即可。

 烹饪秘籍

菠菜中含有草酸，会与食物中的钙结合成为草酸钙而不易被人体吸收，因此要提前用开水烫一下，去除其中大部分草酸。

白白胖胖的牡蛎穿梭在绿油油的菠菜中，给
汤带来了属于大海的鲜美味道，而且嫩嫩的口感
怎么都吃不厌。

让人胃口大开

开胃番茄鱼片

🕙 45分钟　🔥 中等

主料

草鱼1条 | 番茄2个

辅料

油1汤匙 | 盐1茶匙 | 料酒1汤匙
淀粉5克 | 番茄酱20克 | 香葱1棵
蒜末10克

做法

1 草鱼去鳞、去鳃，除去内脏及肚子里的黑膜，清洗干净并剁去鱼头。

2 将鱼身沿着鱼骨横切，剔除鱼骨后斜切，将鱼肉片成厚约0.5厘米的薄片。

3 将鱼肉放入大碗中，加入料酒、淀粉和一半盐，抓匀后腌制15分钟。

4 番茄洗净后去皮，切成小块；香葱洗净后将葱白切成段，将葱叶切成葱花。

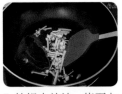

5 炒锅中放油，烧至七成热后放入葱白段和蒜末，煸炒至出香味。

6 放入番茄酱、番茄块和适量清水，炒至番茄软烂成泥。

7 加入500毫升左右的清水，大火煮开后放入腌好的鱼片，煮至鱼片变白。

8 加入剩余的盐调味并搅拌均匀，最后撒上葱花即可关火。

 烹饪秘籍

鱼片尽量切得薄一些，会更加入味且口感更好。切鱼片的时候，可以在鱼身下垫一张厨房纸防止打滑。

酸酸的汤汁裹着嫩嫩的鱼肉，滋味十足。鱼肉的鲜美味道和番茄的酸甜味道搭配起来竟然如此美好。

鲜辣脆爽
辣白菜鲜虾豆腐汤

⏱ 15分钟　　🔥 简单

主料
辣白菜150克｜豆腐150克
鲜虾150克｜猪五花肉80克

辅料
盐1/2茶匙｜香葱1棵｜油适量

～～～ 营养贴士 ～～～

辣白菜含有丰富的膳食纤维，能够促进肠胃蠕动，帮助消化。经过发酵的辣白菜中还含有乳酸菌，也有帮助肠胃消化的功效。

做法

1 将辣白菜切成小块，带汤汁放入大碗中；五花肉洗净，控干水，切成片；豆腐切成1.5厘米左右的小块；鲜虾洗净后去头、去壳，在背部划开一刀，用牙签挑出虾线；香葱洗净后留葱叶，切成葱花。

2 炒锅中放油，烧至七成热后放入五花肉片，煸炒至变色。

3 放入辣白菜煸炒片刻。

4 倒入1000毫升左右清水，大火煮开后放入豆腐，转小火煮5分钟左右。

5 放入鲜虾，加入盐调味，煮2分钟左右至食材熟透。

6 最后撒上葱花即可关火。

烹饪秘籍

汤中除了鲜虾，还可以加入鱿鱼须、牡蛎等食材，味道会更加鲜美。

辣白菜不仅带来了火热的色调，还带来了火辣的味道，就连鲜虾和豆腐也因为在汤汁中浸泡过，而变得热辣了起来。

鱼汤浓，鱼肉鲜

鲫鱼豆腐汤

🕐 30分钟　🔥 简单

主料

鲫鱼1条 ｜ 豆腐150克

辅料

油1汤匙 ｜ 盐1/2茶匙 ｜ 料酒1茶匙
生姜10克 ｜ 香菜1棵

～～～ 营养贴士 ～～～

鲫鱼中的脂肪含量比较少，钙、
磷、铁等矿物质的含量较多，对
心血管系统有一定的保护作用。

做法

1 鲫鱼去鳞、去鳃，除去
内脏及肚子里的黑膜，清
洗干净；豆腐切成1.5厘
米左右的小块；生姜洗
净，去皮后切成片；香
菜洗净后控干水，切成
约1.5厘米长的段。

2 锅中放油，烧热后放
入姜片。

3 放入鲫鱼，小火将两
面煎至上色。

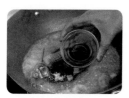

4 倒入1000毫升左右的
开水，加入料酒。

5 放入豆腐，中小火炖
20分钟左右，中间加
入盐。

6 最后撒上香菜即可
关火。

烹饪秘籍

加入开水有助于熬煮
出奶白色的鱼汤，最
好一次将水加足，这
样汤的味道更佳。

奶白色的汤汁给人一种温暖又诱人的感觉,细品一口,鲜美的滋味瞬间在口腔中绽放,再来一口细嫩的鱼肉和豆腐,真是绝妙的搭配。

肉香汤汁浓
豆腐海带炖排骨

⏱ 45分钟　🥄 中等

主料

猪肋排400克｜豆腐150克｜海带150克

辅料

油1汤匙｜盐1/2茶匙｜生抽2茶匙
老抽1茶匙｜料酒2茶匙｜八角2个
桂皮1块｜生姜15克｜香葱1棵

做法

~~~ 营养贴士 ~~~

排骨含有丰富的蛋白质和维生素，尤其是含有大量的骨胶原和磷酸钙，能够为人体提供钙质，促进骨骼健康。

1 猪肋排洗净，控干水，剁成约5厘米长的段；豆腐切成1.5厘米左右的小块；海带洗净后控干水，切成3厘米见方的片。

2 生姜洗净，去皮后切成薄片；将香葱的葱白和葱叶分开，葱白切成段，葱叶切成葱花。

3 锅中备凉水，放入猪肋排，煮开后撇去表面的浮沫，捞出，再次清洗干净。

4 另起一锅，倒入油，约七成热后放入葱白、姜片煸炒出香味。

5 放入猪肋排，煸炒至表面微焦，加入料酒、生抽、老抽、八角、桂皮。

6 加入约800毫升的清水，大火煮开后转小火炖煮约20分钟。

7 放入豆腐、海带、盐，小火炖约10分钟至汤汁浓稠。

8 最后加入葱花，搅匀后即可关火。

 烹饪秘籍

放入豆腐后要轻轻搅匀，尽量不要把豆腐弄碎。不要选择嫩豆腐，否则也很容易煮碎。

豆腐和海带吸足了排骨的香味，变得滋味十足。如果是在冬天的时候吃这道菜，那种满足感不言而喻。

其貌不扬味道赞

干豆角炖排骨

🕐 45分钟（不含浸泡时间）　🥄 中等

主料

猪肋排300克 | 干豆角150克 | 粉条60克

辅料

油1汤匙 | 盐1/2茶匙 | 生抽2茶匙 | 料酒2茶匙 | 生姜15克 | 大蒜10克 | 干辣椒3个

~~~ 营养贴士 ~~~

干豆角含有丰富的维生素及膳食纤维，能够促进胃肠蠕动，帮助改善胃肠消化功能，并且能增强免疫力。

做法

1 猪肋排洗净，控干水，剁成约5厘米长的段；生姜洗净，去皮后切成薄片；大蒜去皮后洗净，切成蒜末；干辣椒斜切成两段。

2 干豆角用温水泡软，泡好后切成5厘米左右的段。

3 粉条用温水泡软，泡好后用剪刀剪成10厘米左右的段。

4 锅中备凉水，放入猪肋排，煮开后撇去表面的浮沫，捞出，再次清洗干净。

5 另起一锅，倒入油，约七成热后放入蒜末、姜片、干辣椒，煸炒出香味。

6 放入猪肋排，煸炒至表面微焦，加入料酒、生抽炒匀。

7 加入约800毫升的清水，大火煮开后放入干豆角，转小火炖约20分钟。

8 放入盐和粉条，搅匀后继续小火炖煮约10分钟至粉条熟透即可关火。

烹饪秘籍

汤汁的量可以根据自己的喜好进行调整，如果有高汤，味道会更加棒。

这是一道看起来其貌不扬的菜，却滋味十足。风干的豆角再次吸足了汤汁，有了不一样的口感和味道，一定要试试哦！

豉香肉香芋头香

豆豉排骨香芋煲

🕐 55分钟　　🔥 中等

主料

猪肋排300克 ｜ 香芋150克 ｜ 豆腐100克

辅料

盐2克 ｜ 豆豉15克 ｜ 冰糖15克 ｜ 料酒2茶匙
生抽2茶匙 ｜ 蚝油2茶匙 ｜ 八角2个 ｜ 茴香2克
香葱1棵 ｜ 生姜10克 ｜ 油适量

～～～ 营养贴士 ～～～

香芋具有补中益气的功效，含有丰富的蛋白质和微量元素，对心脏、牙齿具有一定的保护作用。

做法

1 猪肋排洗净，控干水后剁成约4厘米长的段；香芋洗净、去皮，切成2厘米左右的滚刀块；豆腐切成2厘米左右的块。

2 香葱洗净，将葱白切成段，葱叶切成葱花；生姜洗净，去皮后切成薄片。

3 锅中放入猪肋排，加入没过食材的凉水，煮开后撇去表面的浮沫，捞出，再次清洗干净。

4 另起一锅，倒入油，约七成热后放入豆豉、葱白段、姜片、八角、茴香，煸炒出香味。

5 放入猪肋排，煸炒至微微上色，加入香芋、料酒、生抽、蚝油、冰糖炒匀。

6 将锅中食材倒入砂锅中，倒入没过食材的清水，大火煮开后转小火炖30分钟左右。

7 加入盐调味，放入豆腐，继续小火炖煮约10分钟。

8 最后大火收汁，撒上葱花即可关火。

 烹饪秘籍

如果时间充足，可以在焯好猪肋排之后加入辅料，腌制半小时左右，这样会更加入味。

香芋吸收了排骨的肉香，又给排骨增添了另外的香味，再借助豆豉的力量，更是味道十足。

香喷喷，暖身心
五花肉酸菜炖粉条

⏱ 35分钟（不含浸泡时间）　🔥 中等

主料

猪五花肉250克 ｜ 酸菜300克 ｜ 粉条70克

辅料

油1汤匙 ｜ 盐1/2茶匙 ｜ 料酒2茶匙
生姜15克 ｜ 大蒜10克 ｜ 干辣椒2个
朝天椒1个

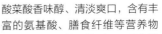
～～～ 营养贴士 ～～～

酸菜酸香味醇、清淡爽口，含有丰富的氨基酸、膳食纤维等营养物质，易于被人体吸收利用，且能够促进肠胃消化。

做法

1 五花肉洗净，控干水后，切成3厘米见方的肉片；生姜洗净，去皮后切成薄片；大蒜去皮后洗净，切成蒜片；干辣椒斜切成两段；朝天椒切成圈。

2 酸菜洗净后切成丝，攥干水备用。

3 粉条用温水泡软，泡好后用剪刀剪成10厘米左右的段。

4 锅中倒入油，约七成热后放入姜片、蒜片、干辣椒，煸炒出香味。

5 放入五花肉和酸菜丝爆炒出香味，加入料酒炒匀。

6 加入没过酸菜的清水，大火煮开后转小火炖约15分钟。

7 放入盐和粉条，搅匀后继续小火煮约10分钟至粉条熟透，关火。

8 将汤菜盛出后，在表面撒上朝天椒圈即可。

烹饪秘籍

酸菜稍微冲洗一下即可，如果冲洗的次数太多，会失去其酸爽的滋味。

经过煸炒和炖煮的五花肉没有了油腻的味道，变得入口即化。吸收了肉味的酸菜依然保持脆爽的口感。趁热吃，香香暖暖。

别样的清香
茼蒿豆泡肉丸汤

🕐 30分钟　　🥄 简单

主料

猪里脊肉250克 | 豆腐泡10个
茼蒿100克

辅料

盐1茶匙 | 蚝油1茶匙 | 料酒1茶匙
五香粉2克 | 淀粉5克

做法

1 猪里脊肉洗净后控干
水，剁成肉末；茼蒿洗
净后控干水，切成3厘米
左右的段。

2 将里脊肉末放入大碗
中，加入1/2茶匙盐、蚝
油、料酒、五香粉和淀
粉搅拌均匀。

3 砂锅中加入约800毫
升清水，大火煮开。

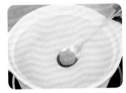

4 将肉馅用勺子帮忙整
形，做成肉丸下入锅中。

5 放入豆腐泡和剩下的
盐，煮至肉丸熟透。

6 放入茼蒿，1分钟左右
即可关火。

 烹饪秘籍

肉末加上辅料之后要
沿着一个方向搅打上
劲，这样做出来的肉
丸才会筋道好吃。

自己做的肉丸真材实料，将一个个小肉丸挤入锅中，看它们随着沸腾的水上下翻滚，口水都要流出来啦。

肉丸香香

肉丸冬瓜汤

🕐 30分钟　　🌢 简单

主料

猪里脊肉250克｜冬瓜150克

辅料

盐1茶匙｜蚝油1茶匙｜料酒1茶匙
五香粉2克｜淀粉5克｜枸杞子5克

做法

1 猪里脊肉洗净后控干
水，剁成肉末；冬瓜去
掉瓜皮和瓜瓤，洗净后
切成0.5厘米厚的片；枸
杞子洗净后控干水备用。

2 将里脊肉末放入大碗
中，加入1/2茶匙盐、蚝
油、料酒、五香粉和淀
粉搅拌均匀。

3 砂锅中加入约800毫
升清水，大火煮开。

4 将肉馅用勺子帮忙整
形，做成肉丸挤入锅中。

5 放入冬瓜和剩下的盐，
煮至肉丸和冬瓜熟透。

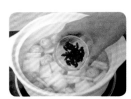

6 关火后放入枸杞子
即可。

烹饪秘籍

这道汤中也可以加一
点虾皮，味道会更加
鲜美。

一直觉得冬瓜是种神奇的蔬菜，与什么同煮，就有什么味道。那这次与肉丸同煮的冬瓜，是不是就有了肉香味儿呢？

让肌肤弹性十足

莲藕猪蹄汤

🕐 50分钟（不含浸泡时间） 🔥 中等

主料

猪蹄1只 ｜ 黄豆30克 ｜ 花生仁20克 ｜ 莲藕150克

辅料

油1汤匙 ｜ 盐1/2茶匙 ｜ 冰糖10克 ｜ 料酒2茶匙
生抽2茶匙 ｜ 老抽1茶匙 ｜ 花椒2克 ｜ 桂皮1段
八角2个 ｜ 香葱1棵 ｜ 生姜15克

~~~ 营养贴士 ~~~

猪蹄中的蛋白质、矿物质和维生素含量十分丰富，尤其是富含胶原蛋白，能够使皮肤更具有光泽和弹性。

做法

1 黄豆和花生仁洗净，在清水中浸泡1小时。

2 猪蹄洗净后剁成小块；莲藕洗净、去皮，切成2厘米左右的滚刀块；香葱洗净，将葱白切成段，葱叶切成葱花；生姜洗净后去皮，切成片。

3 锅中放入猪蹄、花椒、桂皮、八角、葱白段、姜片，加入没过食材的凉水，煮开后撇去表面的浮沫，将猪蹄捞出，冲洗干净备用。

4 锅中放入油，大火烧至七成热后放入猪蹄，煸炒至表面微微上色。

5 加入料酒、生抽、老抽、冰糖炒匀，倒入约1000毫升清水。

6 大火烧开后放入莲藕和泡好的黄豆、花生仁，再次煮开后转小火慢炖40分钟左右。

7 中途翻炒一下，加入盐调味。

8 出锅前撒上葱花即可。

 烹饪秘籍

猪蹄不太方便在家里自己剁成小块，最好是购买的时候让卖家帮忙剁好。

肥而不腻的猪蹄熬煮之后口感软嫩又带有一丝弹性，还能够带来满满的胶原蛋白，让你吃出好皮肤哦。

软软的，很好吃
酥肉土豆煲

🕐 40分钟　🍳 中等

主料

猪五花肉250克｜土豆150克｜鸡蛋清2个

辅料

油适量｜盐1/2茶匙｜生抽1汤匙｜料酒1汤匙
淀粉50克｜香葱1棵

～～ 营养贴士 ～～

猪肉中的蛋白质比较容易被消化吸收，能够为人体提供充足的能量，维持营养平衡。

做法

1 猪五花肉洗净后控干水，切成0.5厘米厚、2厘米见方的片；土豆洗净，去皮后切成2厘米左右的滚刀块；香葱洗净后切成葱花。

2 五花肉放入大碗中，加入生抽、料酒、10克淀粉搅拌均匀，腌制20分钟。

3 剩余淀粉中加入鸡蛋清和适量清水搅匀成为面糊，放入五花肉裹匀。

4 炸锅中倒入适量油，六成热后将酥肉放入炸至金黄色熟透后，捞出控油，晾凉。

5 炒锅中放入1汤匙油，烧至七成热后放入一半葱花爆炒出香味。

6 加入约700毫升清水，大火煮开后放入土豆，转小火炖煮约3分钟。

7 放入酥肉继续炖煮，煮至土豆熟透。

8 加入盐调味，出锅前撒上剩余葱花即可关火。

 烹饪秘籍

炸酥肉的淀粉糊也可以用面粉糊来代替，面粉的量可以根据自己的喜好进行增减。

油炸的酥肉经过炖煮之后变得特别软，软软的酥肉搭配软软的土豆，即使牙口不好的老人也可以轻松吃哦。

开胃又满足

酸辣千张火腿羹

🕙 20分钟　　🔥 简单

主料

千张100克 ｜ 火腿肠80克 ｜ 豆腐50克
鸡蛋1个 ｜ 白菜叶50克

辅料

油1汤匙 ｜ 盐1/2茶匙 ｜ 淀粉10克
白胡椒粉1/2茶匙 ｜ 蒜末10克 ｜ 香葱1棵
米醋4茶匙

～～～ 营养贴士 ～～～

千张和豆腐均属于豆制品，含有多
种人体必需的微量元素，对防治骨
质疏松症有良好的作用。

做法

1 千张洗净后控干水，
切成细丝；火腿肠切成细
丝；豆腐洗净后控干水，
切成细丝；白菜叶洗净后
控干水，切成细丝。

2 鸡蛋磕入碗中，充分
打散；香葱洗净后切成
葱花；淀粉加入适量清
水搅匀，成为水淀粉。

3 炒锅中放油，烧至七
成热后放入蒜末和一半
葱花，煸炒至出香味。

4 加入约800毫升清水，
大火煮开后放入白菜
丝、千张丝、火腿肠、
豆腐丝，转小火煮约
5分钟。

5 加入盐搅匀，倒入水
淀粉，再次煮开后淋入
蛋液。

6 出锅前放入白胡椒
粉、米醋和剩下的葱花
即可关火。

 烹饪秘籍

千张可以提前在沸水中
焯一下，既可以去除豆
腥味，也更加卫生。

浓浓的汤羹中藏着丰富的食材，每一口都让人感到满足。酸辣的味道十分开胃，让你忍不住想多吃一点。

冬天里的美妙食物
腐竹炖腊肉

🕐 45分钟　🔥 简单

主料

腊肉120克 | 腐竹150克

辅料

蒜苗2根 | 食用油2汤匙

~~~ 营养贴士 ~~~

腐竹富含钙质，可预防因缺钙导致的骨质疏松。常吃腐竹还有健脑补脑、降低胆固醇、预防高脂血症等作用。

做法

1 将腐竹提前2小时浸泡在清水中，至泡软后切成长约3厘米的段。

2 腊肉清洗一下，切成厚约5毫米的肉片。

3 蒜苗洗净、去根，蒜白和蒜绿分开切碎。

4 锅中倒油，烧至七成热时加入蒜白碎爆香，再放入腊肉片煸炒，至腊肉的油脂全部煸出。

5 向锅内加入适量的清水，大火烧开，转小火炖煮15分钟，加入腐竹段继续慢炖20分钟。

6 最后转大火收汁，待汤汁浓稠，撒入蒜绿末点缀即可。

烹饪秘籍

1 腊肉煸炒后加入清水时，小心不要被油溅到。

2 腊肉本身够咸，不用再加盐，加入腐竹可以中和一下腊肉的咸味。

3 食用油不用放入太多，腊肉煸炒时还会出油。

冬天里的美妙食物当属腊肉，腊肉味道醇香，肥不腻口，瘦不塞牙，素有"一家煮肉百家香"的赞语。腊肉一上桌，年也就近了。

汤浓浓，滋养人

海带山药炖羊肉

🕐 50分钟　🍳 中等

主料

羊肉200克 ｜ 山药100克 ｜ 海带100克

辅料

油适量 ｜ 盐1/2茶匙 ｜ 生抽2茶匙
老抽1茶匙 ｜ 料酒2茶匙 ｜ 冰糖15克
生姜15克 ｜ 香葱1棵

〰〰〰 营养贴士 〰〰〰

羊肉性质温和，维生素和微量元素
含量丰富，也比较适合青少年和老
人食用。

做法

1 羊肉洗净后切成1厘米见方的肉丁；山药去皮后洗净，切成2厘米左右的滚刀块；海带洗净后切成2厘米见方的块。

2 生姜洗净、去皮，切成姜丝；香葱洗净后将葱白切成段，葱叶切成葱花。

3 锅中放入羊肉丁，加入没过食材的清水，煮开后撇去表面的浮沫，将羊肉丁捞出，再次清洗干净。

4 锅中倒入油，约七成热后放入姜片、葱白段，煸炒出香味。

5 放入羊肉丁爆炒片刻，加入料酒、生抽、老抽、冰糖炒匀。

6 加入没过食材的清水，大火煮开后转小火炖约20分钟。

7 放入山药块、海带、盐，继续小火炖20分钟左右。

8 最后撒上葱花，搅匀后即可关火。

 烹饪秘籍

汤汁的量可以根据自己的喜好适当调整，喜好浓汤就少放一点水，想要多喝点汤就多放一点水。

浓郁又滋补的一大碗汤，羊肉经过充分炖煮十分入味，再配上软糯的山药和海带，别提有多好吃啦。

酸汤土豆肥牛

🕐 20分钟　🔥 简单

主料

肥牛250克｜土豆200克｜金针菇100克

辅料

油1汤匙｜盐1/2茶匙｜黄灯笼辣椒酱100克
杭椒1个｜小米椒2个｜蒜末20克｜生姜10克
料酒2茶匙｜陈醋2茶匙｜白胡椒粉2克

〰〰 营养贴士 〰〰

牛肉具有提高机体免疫力的作用，是比较好的滋补食材。牛肉也具有延缓衰老、促进人体新陈代谢的功效。

做法

1 将金针菇根部切掉后撕开，洗净，控干水；土豆洗净后切成0.3厘米厚、3厘米见方的片。

2 生姜洗净，去皮后切成片；杭椒和小米椒洗净后控干水，切成圈。

3 锅中备适量冷水，放入肥牛，大火煮开，撇去表面的浮沫，将肥牛捞出，控干水。

4 炒锅中加入油，大火烧至七成热后放入姜片、蒜末爆炒出香味。

5 放入黄灯笼辣椒酱煸炒出香味，加入适量清水和盐、料酒、陈醋、白胡椒粉煮开。

6 放入金针菇和土豆片，煮至金针菇和土豆片熟透。

7 放入焯好的肥牛煮约半分钟。

8 最后加入杭椒和小米椒即可关火。

 烹饪秘籍

肥牛片煮的时间不要过久，否则会变老而影响口感。

🥬 金灿灿的汤汁一上桌，就吸引了众人的目光。迫不及待盛一碗尝尝，酸辣的汤汁，嫩嫩的牛肉，真好吃啊。搭配米饭，能多吃好几碗呢。

深受大众喜爱

香菇鸡肉煲

🕐 40分钟　🔥 中等

主料

鸡腿2只 | 鲜香菇5朵 | 土豆100克 | 青甜椒100克

辅料

油1汤匙 | 盐1/2茶匙 | 料酒2茶匙 | 生抽2茶匙
老抽1茶匙 | 绵白糖10克 | 香葱1根 | 生姜15克
八角2个 | 茴香2克

营养贴士

鸡肉易于被人体消化吸收，滋补作用比较明显。鸡肉和香菇都含有丰富的维生素、蛋白质，具有比较高的营养价值。

做法

1 鸡腿洗净后剁成小块；鲜香菇洗净、去蒂，每个切成四半；土豆洗净、去皮后切成2厘米左右的滚刀块；青甜椒洗净后，去掉里面的子，切成3厘米见方的小块。

2 香葱洗净后将葱白切成段，将葱叶切成葱花；生姜洗净、去皮后切成薄片。

3 锅中放入鸡块，加入没过食材的清水，煮开后撇去表面的浮沫，将鸡块捞出，再次清洗干净。

4 炒锅中放入油，烧至七成热后放入姜片、葱白段、八角、茴香，煸炒出香味。

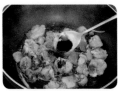

5 放入鸡块煸炒至微微上色，加入料酒、老抽、生抽、绵白糖炒匀。

6 加入没过鸡块的清水，大火烧开后转小火炖煮20分钟。

7 放入土豆块和香菇，加入盐调味，继续炖煮至土豆和香菇熟透。

8 出锅前放入青甜椒炒匀，撒上葱花即可关火。

 烹饪秘籍

如果想让鸡肉更加入味，可以在煸炒之前加入调味料腌制20分钟左右。

肉质细嫩的鸡肉，特别适合搭配香菇吃，这也是家庭最常见的做法之一。正是因为美味，所以才会受到大众欢迎。

味蕾的绝妙体验

鸡汤娃娃菜

⏱ 90分钟（不含腌制和浸泡时间） ◢ 中等

主料

鸡骨架1副｜娃娃菜1棵｜香肠80克

辅料

盐1/2茶匙｜绵白糖1茶匙｜料酒2茶匙
八角2个｜桂皮1段｜茴香2克
大葱1段｜生姜15克｜香葱1棵
皮蛋1个｜鲜香菇3朵｜枸杞子5克

~~~ 营养贴士 ~~~

娃娃菜含有大量的膳食纤维，能够促进肠胃蠕动，帮助消化。其中含有的丰富的维生素和微量元素能够帮助增强机体免疫功能。

做法

1 鸡骨架洗净后剁成大块；娃娃菜洗净后控干水，切成四半；鲜香菇洗净、去蒂，切成1厘米左右的丁；香肠和皮蛋都切成小丁；大葱洗净后切斜片；生姜洗净、去皮后切成薄片；香葱洗净后将葱叶切成葱花；枸杞子洗净备用。

2 鸡骨架放入砂锅中，加入香菇丁、料酒、姜片、大葱片、八角、桂皮、茴香，倒入约1000毫升清水，大火烧开后转小火熬煮1小时。

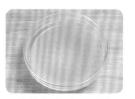

3 将熬好的鸡汤过滤出来备用。

4 锅中放入娃娃菜，倒入没过娃娃菜的鸡汤，大火煮开。

5 加入盐、绵白糖、香肠丁、皮蛋丁搅匀。

6 出锅前放入枸杞子，撒上葱花即可关火。

 烹饪秘籍

鸡汤可以根据自己的需要多煮一些备用，最好一次加足水，不要中途添加，这样炖出来的鸡汤才鲜美。

娃娃菜带有一丝清甜的味道，被鲜美的鸡汤所包围，为味蕾带来一场绝妙的体验。我想，大多数人都无法抵挡这样的诱惑吧。

超有满足感

咖喱彩蔬汤

🕐 30分钟　　🥄 简单

主料

胡萝卜80克 | 土豆80克 | 西蓝花80克
红彩椒80克 | 鲜香菇3朵

辅料

油1汤匙 | 咖喱块100克 | 盐少许

～～～ 营养贴士 ～～～

彩蔬含有丰富的维生素，能够为身体补充所需要的矿物质、维生素等营养成分，让身体更加健康强壮。

做法

1 胡萝卜洗净，去皮后切成丁；土豆洗净，去皮后切成丁；西蓝花去掉粗茎，掰成尽量小的朵，清洗干净；红彩椒洗净后去掉内部的子，掰成小块；鲜香菇洗净、去蒂，切成丁。

2 锅中加入清水和少许油、盐，煮至沸腾后将西蓝花和香菇丁放入，焯熟后过凉开水，捞出，控干水。

3 炒锅中放油，烧至七成热后放入土豆和胡萝卜煸炒片刻。

4 放入咖喱块和香菇，倒入没过食材的清水。

5 大火煮至汤汁浓稠、食材熟透。

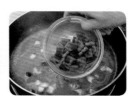

6 加入西蓝花和红彩椒，翻拌均匀即可关火。

 烹饪秘籍

咖喱块也可以用咖喱粉替代，具体的用量要根据不同品牌的说明进行调整。

色泽艳丽的蔬菜裹着浓浓的咖喱汁，调动起你的食欲。加上丰富的食材带来的满足感，分外诱人。

鲜美又营养

菌菇蔬菜汤

🕐 30分钟　　🥄 简单

主料

金针菇50克 | 蟹味菇50克

辅料

盐1/2茶匙 | 胡萝卜50克 | 圆白菜50克
干木耳5克

～～～ 营养贴士 ～～～

金针菇和蟹味菇的味道十分鲜美，
有菌菇类特有的香味，并且蛋白
质、维生素和矿物质含量都比较丰
富，营养价值很高，能够提高机体
免疫功能。

做法

1 将金针菇根部切掉，
撕开并洗净；蟹味菇洗
净后控干水。

2 胡萝卜洗净，去皮后
切成滚刀块；圆白菜洗
净后控干水，将叶子撕
成2厘米见方的片。

3 干木耳提前用温水泡
发2小时左右，洗净并切
成丝。

4 锅中加入约1000毫升
清水，大火烧开，放入金
针菇、蟹味菇、木耳，
转小火熬煮约10分钟。

5 放入胡萝卜和圆白
菜，小火熬煮约5分钟。

6 加入盐调味，搅匀即
可关火。

烹饪秘籍

汤中也可以加入少量
的水淀粉，汤会更加
浓稠一些。

五颜六色的蔬菜有着丰富的营养，汇集在一个大碗中，带来诱人的味道，给身体补充更多的营养。

红艳浓香
番茄素汤

🕙 10分钟　　♨ 简单

主料

番茄2个 | 千张100克 | 金针菇100克
豆腐150克

辅料

盐1/2茶匙 | 番茄酱20克 | 香葱1棵
蒜末10克 | 油适量

~~~ 营养贴士 ~~~

番茄中的番茄红素不仅具有止渴生
津、健胃消食的作用，还可降低罹
患癌症和心脏病的风险。

做法

1 番茄洗净后去皮，切
成小块；千张洗净后控
干水，切成丝；金针菇
切掉根部，撕开并洗净；
豆腐切成1.5厘米左右的
小块；香葱洗净后将葱
白切成段，将葱叶切成
葱花。

2 炒锅中放油，烧至七
成热后放入葱白段和蒜
末煸炒至出香味。

3 放入番茄酱、番茄块
和适量清水，炒至番茄
软烂成泥。

4 加入1000毫升左右的
清水，大火煮开后放入
金针菇、豆腐，转小火
煮5分钟左右。

5 放入千张，加入盐调
味并搅拌均匀。

6 最后撒上葱花即可
关火。

 烹饪秘籍

番茄酱的加入能够让
汤汁更加美味。但是
番茄酱本身有一定的
咸味，盐的量要根据
自己的口味进行调整。

带有一点酸酸味道的番茄给汤披上了红红的外衣，浓浓的酱汁包裹着各色食材，滋味十足，让你吃个不停。

其实不太辣

韩式辣酱素汤

🕐 15分钟　　🔥 简单

主料

豆腐150克｜胡萝卜50克｜土豆50克
娃娃菜100克｜金针菇100克

辅料

盐1/2茶匙｜韩式辣酱20克｜香葱1棵
蒜末10克｜油适量

〰〰〰 营养贴士 〰〰〰

汤中的食材含有丰富的植物蛋白和
多种维生素，能够为身体补充所需
要的营养物质，让你充满活力。

做法

1 豆腐切成1.5厘米左右
的小块；胡萝卜和土豆
洗净、去皮，切成1.5厘
米左右的滚刀块。

2 金针菇切掉根部，撕开
并洗净；娃娃菜洗净后
控干水，用手撕成小块；
香葱洗净后将葱白切成
段，将葱叶切成葱花。

3 炒锅中放油，烧至七
成热后放入葱白段和蒜
末煸炒至出香味。

4 放入韩式辣酱和1000
毫升左右的清水，大火煮
开后放入金针菇、豆腐，
转小火煮5分钟左右。

5 放入土豆、胡萝卜和娃
娃菜，加入盐调味，煮3
分钟左右至食材熟透。

6 最后撒上葱花即可
关火。

 烹饪秘籍

汤中的食材可以根据
自己的喜好进行调
整，如果将娃娃菜替
换成为辣白菜，汤的
味道会更加浓郁。

超好喝的味道，搭配上丰富的食材，很是诱人。如果你喜欢，还可以加入海蛎子、鲜虾等海鲜，味道会更足哦。

媲美蟹黄

咸蛋黄豆腐煲

⏱ 25分钟　🥄 简单

主料

咸鸭蛋黄4个 ｜ 豆腐300克

辅料

油1汤匙 ｜ 盐2克 ｜ 香葱1棵
胡萝卜60克 ｜ 干木耳5克

〜〜〜 营养贴士 〜〜〜

咸蛋黄中含有卵磷脂、不饱和脂肪
酸、氨基酸等人体必需的营养元
素，对于保护大脑及肝脏的健康很
有帮助。

做法

1 咸蛋黄蒸熟后压碎；
豆腐切成2厘米左右的
小块；胡萝卜洗净、去
皮，切成1厘米左右的
丁；干木耳提前用温水
泡发2小时左右，洗净并
撕成小朵；香葱洗净后
将葱叶切成葱花。

2 锅中备水，烧开后放
入豆腐块和胡萝卜焯烫
约1分钟，捞出控干水。

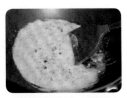

3 炒锅中放油，烧至七
成热后放入咸蛋黄，炒
至出油。

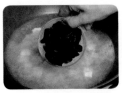

4 加入500毫升左右的
清水，大火煮开后，放
入豆腐、木耳，转小火
炖煮约10分钟。

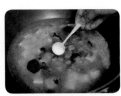

5 加入盐调味，放入胡
萝卜继续煮至胡萝卜
熟透。

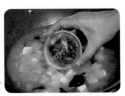

6 出锅前撒上葱花即可
关火。

 烹饪秘籍

胡萝卜已经焯烫过，
基本快要熟透，因此煮
的时间不宜过久，否则
会太软而影响口感。

嫩嫩的豆腐被鲜美的咸蛋黄所包裹，有点像蟹黄的样子。品一品，似乎也有堪比蟹黄的鲜美味道呢。

有点像小火锅
板栗粉丝白菜煲

⏱ 30分钟（不含浸泡时间） 🔥 简单

主料

白菜200克 | 板栗150克 | 粉条80克
番茄60克

辅料

盐1/2茶匙 | 香菇酱20克

～～～ 营养贴士 ～～～

板栗中除了含有丰富的维生素和矿物质，还含有不饱和脂肪酸，对预防动脉硬化有一定的功效。

做法

1 白菜洗净后控干水，用手撕成小块；板栗洗净后剥去皮，切成两半；番茄洗净后切成薄片。

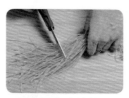

2 粉条用温水泡软，泡好后用剪刀剪成10厘米左右的段。

3 砂锅中加入约800毫升清水，放入香菇酱、盐和一半番茄。

4 大火烧开后转小火，放入板栗炖煮15分钟左右。

5 放入白菜和粉条，继续小火炖煮10分钟左右。

6 将剩余的番茄摆放在表面即可关火。

 烹饪秘籍

如果不喜欢吃白菜帮，可以全部放白菜叶。香菇酱的用量也可以根据自己的喜好进行增减。

这是一道十分省心的美味汤菜，把食材放到锅中，咕嘟咕嘟，等待炖好就可以。其实仔细想想，有点像小火锅的做法呢。

蔬菜的聚会
酱汁时蔬

⏱ 35分钟　🥄 简单

主料

土豆100克｜胡萝卜80克｜西蓝花80克
红薯80克｜莲藕80克

辅料

油1汤匙｜盐2克｜蚝油2茶匙
番茄酱2茶匙｜海鲜酱1汤匙
甜面酱2茶匙｜蜂蜜1茶匙｜香葱1棵

~~~ 营养贴士 ~~~

多种蔬菜搭配，营养元素会更加均
衡充分，能够为人体补充多种维生
素和矿物质。

做法

1 土豆、胡萝卜和红薯
洗净，去皮后切成约2.5
厘米的滚刀块；西蓝花
去掉粗茎，掰成小朵，
清洗干净；莲藕洗净、
去皮，切成2厘米左右的
块，再次清洗，去除淀
粉；香葱洗净后将葱叶
切成葱花。

2 锅中加入清水和少许
油、盐，煮至沸腾后将
西蓝花和莲藕放入，焯
熟后过凉开水，捞出，
控干水。

3 将蚝油、番茄酱、海
鲜酱、甜面酱、蜂蜜放
入碗中调成汁。

4 锅内放油，约七成热
后放入土豆、红薯煸炒
片刻，加入至蔬菜1/2处
的清水，盖上锅盖，小
火焖10分钟左右。

5 将调好的料汁均匀地
浇在蔬菜上面，放入胡
萝卜，再盖上锅盖，小
火焖10分钟左右。

6 加入西蓝花、莲藕炒
匀，大火收汁后撒上葱
花即可出锅。

烹饪秘籍

时蔬可以多种多样，
根据自己的喜好选择
即可。

虽然没有一点肉，但是复合的酱汁裹满了蔬菜，浓浓的酱香要比肉香还浓。拌上一碗米饭，你会吃到一粒米也不剩。

吃出健康系列

家常美食系列

图书在版编目（CIP）数据

萨巴厨房. 汤水之爱 / 萨巴蒂娜主编. —北京：中国
轻工业出版社，2020.1

ISBN 978-7-5184-2755-0

Ⅰ. ①萨… Ⅱ. ①萨… Ⅲ. ①汤菜 – 菜谱
Ⅳ. ① TS972.12

中国版本图书馆 CIP 数据核字（2019）第 255223 号

责任编辑：高惠京　　责任终审：张乃东　　整体设计：锋尚设计
策划编辑：龙志丹　　责任校对：李　靖　　责任监印：张京华

出版发行：中国轻工业出版社（北京东长安街6号，邮编：100740）
印　　刷：北京博海升彩色印刷有限公司
经　　销：各地新华书店
版　　次：2020年1月第1版第1次印刷
开　　本：710×1000　1/16　印张：12
字　　数：200千字
书　　号：ISBN 978-7-5184-2755-0　定价：49.80元
邮购电话：010-65241695
发行电话：010-85119835　传真：85113293
网　　址：http://www.chlip.com.cn
Email：club@chlip.com.cn
如发现图书残缺请与我社邮购联系调换
190360S1X101ZBW